萌爷爷讲生命故事

我们从哪里来

董仁威 韦富章/编著

U0312507

希望出版社

图书在版编目（CIP）数据

我们从哪里来 / 董仁威，韦富章编著 . — 太原：
希望出版社 , 2024.3
（萌爷爷讲生命故事）
ISBN 978-7-5379-8925-1

Ⅰ . ①我…Ⅱ . ①董…②韦…Ⅲ . ①生命科学—少
儿读物Ⅳ . ① Q1-0

中国国家版本馆 CIP 数据核字（2023）第 201074 号

萌爷爷讲生命故事

我们从哪里来　　董仁威　韦富章 / 编著

WOMEN CONG NALI LAI

出 版 人：王　琦

项目策划：张　蕴

责任编辑：张　蕴

复　　审：宸源雪

终　　审：傅晓明

美术编辑：王　蕾

印刷监制：刘一新　李世信

出版发行：希望出版社

地　　址：山西省太原市建设南路21号

邮　　编：030012

经　　销：全国新华书店

印　　刷：山西基因包装印刷科技股份有限公司

开　　本：720mm×1010mm　　1/16

印　　张：10

版　　次：2024年3月第1版

印　　次：2024年3月第1次印刷

印　　数：1-5000册

书　　号：ISBN 978-7-5379-8925-1

定　　价：45.00元

序

"萌爷爷"是谁？他是由科普作家组成的"萌爷爷"家族的"代言人"。

萌爷爷家族的叔叔、阿姨、哥哥和姐姐，他们是交叉型人才，是真正的"博士"。他们各取所长，有的将深奥的科学知识科普化，有的针对小朋友们的喜好将科普知识儿童化，还有的将科普作品文艺化，共同打造了一桌桌可口的知识盛宴。

如今，经过萌爷爷家族精心打造的第一桌宴席——"萌爷爷讲生命故事"问世了。

这桌宴席有六道大菜：《我们是谁》《我们从哪里来》《我们到哪里去》《动物这种精灵》《植物这道美景》《微生物这个幽灵》。

这是鲜活的地球上各种生命的故事套餐。人、动物、植物和微生物，是大自然创造的四大类生命奇迹。

《我们是谁》《我们从哪里来》《我们到哪里去》是讲人的故事的。这些故事运用前沿科学的最新研究成果，回答了人从一出生就关注的问题：我是谁？我从哪里来？我到哪里去？

这些问题太简单啦！你一定会这样说，从妈妈肚子里生出来，最后到火葬场，回归自然。是不是？但是，这个看似简单的问题，却被称为世界三大难题之一。现代人类从诞生到有了自我意识以后，就不断地问自己这样的问题，但直到如今也没有确切的答案。好在现代生命科学进展迅猛，它的终极秘密也一个个被科学家揭开，萌爷爷终于可以基于科学家的这些研究成果，试图回答这三个终极问题了。

《动物这种精灵》《植物这道美景》，是对生命的礼赞。

呆萌的大熊猫，古怪的食蚁兽，产蛋的哺乳动物鸭嘴兽，舍命保护幼崽的金丝猴，放个臭屁熏跑美洲狮的臭鼬，比一个篮球场还大的蓝鲸，先当妈妈后当爸爸的黄鳝，几十个有趣的动物故事保准会迷得你神魂颠倒。

美丽的花仙子，吃动物的植物，会玩隐身术的植物，能"胎生"的植物，能灭火的树，能探矿的植物，能运动的植物，"植物卫士"大战切叶蚁……几十个生动的植物故事保准会让你爱不释手。

《微生物这个幽灵》，让人类对这些隐形生命爱恨交织。它们制造了杀人无数的天花、鼠疫、流感等等瘟疫，是人类的天敌。但是，它们又为人们酿造美酒，制作豆瓣酱、豆豉、豆腐乳等美味，还能制造对付隐形杀手的抗生素。

哈哈，有趣的故事多着呢。

看了这些生动的生命故事，你不仅能增长知识，获得美的享受和阅读的快乐，还会情不自禁地产生要保护野生动物和植物，让人类与环境和谐相处的强烈愿望。

多好看的书！

哈，你已经迫不及待了吧？

萌爷爷不再啰唆，请你赶快翻开书，细细地品味这一饕餮盛宴吧。

开卷有益！

萌爷爷

前　言

在"萌爷爷讲生命故事"系列第一册里，萌爷爷带大家见到了生命女神的魔镜，询问道：魔镜啊魔镜，我们是谁？在魔镜的解答下，我们渐渐地认识了自己，知道了我们是谁。那么接下来，你一定又很好奇了：我们是从哪里来的呢？

是啊，我们是万物之灵，我们是智慧生命，我们是文明的创造者，我们是文明的人，可是，我们人类以及地球上纷繁复杂的生命，都是从哪里来的呢？

相信你也曾问过父母这样的问题：我是从哪里来的？

对于这个问题，你的父母很可能是这样回答你的：

——石头里蹦出来的。

——垃圾桶里捡的。

——天上掉下来的。

这样的回答，肯定不会让你感到满意。什么嘛，好歹我也是读过霍金《果壳中的宇宙》的人，多少有一点儿科学基础，我怎么可能是石头里蹦出来的？也没听说过孙悟空有兄弟姐妹呀！

当然了，你的父母也有可能老老实实地回答：你是从妈妈的肚子里生出来的。

嗯，好吧。可我又是怎么到妈妈的肚子里去的呢？你肯定会不依不饶地问下去。你的父母可能感到难以招架了，便使出"终极之答"：问那么多干什么，长大了你就会明白。

一切的疑问就此打住。嗯，好吧，长大了就会明白，这是绝大多数父母对付小孩子的撒手锏。似乎所有的问题，长大了都会解决掉。事实当然也是如此。不过，如果你不想等到长大了才明白，那该怎么办呢？

萌爷爷现在就来告诉你。

其实，你到妈妈肚子里的过程，简单而复杂。

首先，爸爸身体里一种叫"精子"的细胞，进到妈妈肚子里的一种叫"卵子"的细胞里，结合成为"受精卵"——这就是最早的你。然后，你在妈妈的肚子里不断地生长发育，经过大约十个月的时间，你或者从妈妈的正常产道出来，又或者由医生动剖宫产手术，从妈妈的腹中取出来。

就这么简单。

就这么简单？是的，简单来说就是这个样子的。不过，如果萌爷爷把你变成人的过程，以及你在妈妈肚子里的细微变化说给你听，不仅复杂和难以理解，还会吓你一大跳呢。你在妈妈肚子里长大的过程中，还有一些变化会使你惊诧不已——你在妈妈肚子里的时候，有一段时间，根本就不像人。

什么？！

的确是这样。最开始的时候，受精卵不断地分裂，这个时候的你，长得像红珊瑚一类的刺胞动物。然后你不断地生长发育，逐渐成为像海参一类的棘皮动物。一个月之后，你比受精卵时期大了一万倍，但这个时候的你仍然不像人。这个时候的你长约1厘米，有头有尾，像一条小鱼儿。如果用显微镜观察，这个时候的你，已经能够看到眼、耳、口、鼻了。

直到在妈妈肚里待了两个月，你才开始长得像人了，体重2克，身长2至3厘米，头和躯干各占一半。到了第三个月，恭喜你，这个时候已经可以分辨出你是男孩还是女孩了。此时的你，体重约20克，长约9厘米，头部占三分之一，已有手指甲和脚趾甲，两眼闭着，有声带、双唇和突出的鼻子，额头高高。

接下来，你在妈妈肚里继续生长6个多月，便长成一个长约50

厘米、体重3000克左右、头发长2至3厘米、皮肤粉红光润、四肢协调、内脏和神经功能健全的婴儿。这个时候，再次恭喜你，你可以降生到世界上来了。

是的是的，萌爷爷知道，你一定会有很多疑问：为什么非要有爸爸和妈妈，缺一不可，否则我们就难以变成人呢？

问得好。原来，爸爸放进妈妈肚子里的"精子"中，有一套决定你今后生老病死的"生命天书"。在妈妈肚子里的"卵子"中，也有一套决定你今后生老病死的"生命天书"。在生命女神的神奇魔法下，这两套"天书"在妈妈的肚子里"珠联璧合"，成为"受精卵"。于是，两套"天书"竞相发出生命信息，哪一套"天书"的信息更强烈、更优秀，就会按照哪一种信息长出眼睛、鼻子、耳朵。所以，每个人就有了或者像妈妈，或者像爸爸的五官、四肢和头脑。

啊哈，原来如此！

是的，正是在这样的安排下，每个人总是综合了父母双方的优点，成为强壮、聪明的后代。这里说句题外话：如果父母是近亲结婚（就是如果父母双方有血缘关系），那么他们的"生命天书"中决定你的某一器官的生命信息就会很弱小而不正常，就会把父母身上的弱点，甚至父母身上并不显露、而是隐蔽的祖先弱点暴露出来，使你一诞生便体弱多病甚至残疾，那可就不好了！

其实，父母的精子、卵子细胞中，甚至身体的每一个细胞中，都包含了变成一个人的全部生命信息。但人类必须通过精卵结合的有性生殖过程，才能生育后代，这样就促成了进步的竞争机制，以保证人类的后代不蜕化变质，使人类代代代相传，生生不息。

可能你还会问：我是爸爸妈妈的孩子，那么，爸爸妈妈又是从哪儿来的呢？

问题的答案仍然很简单，但又很复杂。爸爸是爷爷奶奶生的，妈妈是外公外婆生的。爷爷是爷爷的爸爸妈妈生的，奶奶是奶奶的爸爸妈妈生的，外公是外公的爸爸妈妈生的，外婆是外婆的爸爸妈妈生的。这样推下去，我们便可以追溯到一百代前的祖先、一万代以前的祖先，甚至是十万代以前的祖先是从哪里来的。

对了，上次萌爷爷带着大家去问生命女神的魔镜时，相信大家已经见识过生命女神的魔力了。生命女神还有一件神奇的法宝，那就是她的手提包。生命女神曾向萌爷爷展示过她神奇的"魔法"，从她手提包里掏出了各种各样的生命。也许，答案就藏在她的手提包里，她的手提包藏着生命的秘密，能够解答关于生命从哪里来的疑问。

你一定很想看看生命女神的手提包。没问题，今天萌爷爷就带你一起去打开生命女神的手提包，一窥其中的奥秘！

目录

我们从哪里来

一、我们来自宇宙大爆炸吗

1. 生命诞生的前夜

好了，我们赶紧来打开生命女神的手提包，看看里面究竟都有些啥。

什么？

生命女神的手提包里，竟然什么都没有，空空如也！

那么，这世间万物，地球上如此众多的生命，她……她是怎么创造出来的呢？

我们知道，生命女神是自然之神，她虽然也懂得一些魔法，但她基本上是遵照自然科学规律进行创造的。也就是说，生命女神的魔法游戏，完全是建立在生物学、化学、物理学等等之上的。她纵然本领再高，也是离不开物质基础的。

可奇怪的是，生命女神的手提包里，竟然什么都没有！

其实，生命诞生的过程，包括宇宙万物形成的过程，也是一个"从无到有"的过程。

让我们回到生命诞生的前夜，看一看究竟发生了什么。

生命诞生之前，是一个非常、非常、非常漫长的夜晚。从宇宙的诞生，到星系的形成，再到地球生命的诞生前的这段时间，我们都可以看作是生命诞生的前夜。

宇宙，又是怎么诞生的呢？

根据目前的科学共识，宇宙中所有当前和过去的物质，都同时存在于 138 亿年前的一个非常小的"点"里。这个点，我们称之为"奇点"。也就是说，大约 138 亿年前，最早的宇宙只是一个"点"，或者说，是一个"蛋"。

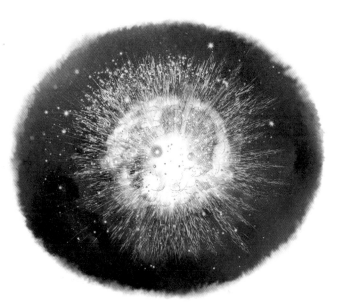

与现在无边无际的宇宙相比，当时的这个"蛋"，可以说近乎无。今天我们看到的所有物质，包括漫天繁星，包括地球、月亮、太阳，都被紧紧地挤在这个"蛋"里。

"蛋"的温度很高，高达 1 万亿摄氏度，像个大火球。

"蛋"的外面什么也没有，没有时间，没有空间，乌漆麻黑。

138 亿年前的一天，这个"蛋"突然发生了爆炸。能量极高的粒子就像节日的礼花那样在空中爆炸开来，本来一无所有的虚空中，骤然诞生了时间和空间，并迅速向周围延展。

我们的宇宙，就这样宣告诞生了。

你一定很好奇，也许会问萌爷爷，您怎么知道，宇宙在 138 亿年前发生了大爆炸呢？难道您找到了"时间隧道"，穿越回去看到的吗？

是的，萌爷爷确实找到了"时间隧道"，"看"到了宇宙大爆炸的那一刻。不过这个"时间隧道"，不能把我们带回过去，而只是一种精准的观察测量方法。

1929 年，美国天文学家哈勃在一次研究中偶然发现，河外星系的绝大多数星系，都在逐渐远离银河系。由此，科学家推断：宇宙正在逐渐膨胀，导致各个星系之间的距离越来越远。

到了 1948 年，美籍苏联科学家乔治·伽莫夫把宇宙膨胀的现象，进行反向逆推：

假如时间倒流，那么这个不断膨胀的宇宙，在最早的时候，会是什么样的呢？

他得到了一个结论：最早的时候，这些星系，很有可能是"挤成一团"的！

可是，这些挤成一团的物质，又怎么会演变成这么多"碎片"的呢？

宇宙，发生过大爆炸！

这似乎是最合理不过的解释了。

好了，这就是宇宙大爆炸说法的来源。你可能又会说，萌爷爷，空口无凭，你能不能找到一些大爆炸的遗迹，来证明宇宙曾经发生过"大爆炸"呢？

哈哈，问得好，幸好伽莫夫帮萌爷爷解决了这个问题。

伽莫夫曾预言，大爆炸之后的宇宙，应该存有一种微波辐射，这是爆炸后相随而来的反应。那么在这个过程中，辐射的波长由短到长，强度由强变弱，直到变成微波辐射。

所以说，如果我们能找到这个微波辐射，那就可以证实，"宇宙大爆炸"确实是发生过的。

聪明吧？

无巧不成书。1965年，美国的彭齐亚斯和威尔逊两位工程师，果真发现了宇宙大爆炸残留的声音。

这两位帮了我们大忙的工程师，他们最开始是研究如何改进人造卫星通信的。他们为了避免干扰卫星通信的一切因素，尤其是无线电噪声源，就架起了一个喇叭状的高灵敏度的定向接收天线系统。他们在一一估计了所有噪声源之后，却意外地发现了一个相当于3.5开氏度①（K）的噪声温度。

这奇怪的噪声温度，马上引起了他们的注意。

两位工程师进行了反复的研究后确定，这个奇怪的噪声温度（实际辐射温度是2.73K），就是传说中的宇宙大爆炸的

---

①注释：开氏度和摄氏度都是用来计量温度的单位，两者之间可以进行换算。一般所说的绝对零度指的便是0开氏度（k)，对应零下273.15摄氏度（℃）。

"余烬"！

太棒了！

天文学界将他们的这一伟大发现，命名为"宇宙微波背景辐射"，并被列为 20 世纪 60 年代天文学四大发现之一。彭齐亚斯和威尔逊两位工程师，也因为这个发现，获得了 1978 年的诺贝尔物理学奖。

好了，宇宙大爆炸的证据找到了，接下来，就是推测爆炸发生的时间了。

美国国家航空航天局和欧洲航天局，通过探测宇宙大爆炸遗留下来的辐射信息，来确定宇宙的密度、组成和膨胀速率，从而确定大爆炸开始的时间，即我们所能认知的宇宙的年龄。2012年，美国国家航空

航天局估算的宇宙年龄为 137.72 亿年，并且有大约 5900 万年的误差。2013 年，欧洲航天局计算的宇宙年龄为 138.2 亿年。

这个 138.2 亿年前，就是我们目前认知的起点，也是宇宙大爆炸开始的那一刻。

那么，宇宙大爆炸以前发生了什么事？

或者，什么事也没发生；或者，宇宙之外还有宇宙；或者，存在着多个平行宇宙；又或者，宇宙会进行多次反复的大爆炸。不过，这些都还是我们的想象，萌爷爷的"时间隧道"还去不到大爆炸发生之前的时期，所以暂时不在我们的认知范围之内。

　　现在，我们唯一能够确定的是，"我们从哪里来"的第一站，就是宇宙大爆炸。

　　问题又来了：宇宙大爆炸之后，会不会一直膨胀下去呢？

　　2018 年 5 月，我们这个时代最有影响力的科学家之一史蒂芬·霍金的最后一篇论文发布，名为《从永恒的宇宙膨胀中平稳退出》。在这篇论文里，霍金推测，宇宙并不是一个无限膨胀的、不规则的多元宇宙，而是有限的，且相当平滑的。

　　什么意思呢？

　　霍金的意思是说，我们的宇宙并不是永恒膨胀的。如果你回到宇宙的起点，它会像一个球体一样收缩和闭合。宇宙大爆炸之后，宇宙的确是在不停地膨胀，但它不会永远膨胀下去，最终，宇宙会停止膨胀，自行坍塌。

　　什么？宇宙最后会……坍塌？

　　是的，非常有这个可能。不过你不用担心，萌爷爷可以很负责任地告诉你，这个时间会非常非常漫长，漫长到在我们的有生之年，甚至是在我们之后的很多很多很多代人类，都是看不到宇宙坍塌的那一天的。

　　你尽管放心好了。

2. 星系的形成

宇宙大爆炸之后，我们所在的星系又是怎么形成的呢？

接下来的日子里，时空继续扩展充盈，而宇宙则渐渐冷却下来了。

我们知道，在大爆炸之前，宇宙是无限稠密而且均匀的，爆炸发生之后，物质之间就产生了缝隙，随着温度的冷却，构成物质的最小组成部分——粒子（电子、质子、中子）也渐渐获得了稳定的结构。

这里友情提示一下，所谓的冷却只是一个相对的概念。因为，这个时候的温度，高达5000多摄氏度，所有的电子、质子和中子都在疯狂地飞转。

大爆炸30万年后，温度降到了3000摄氏度左右的时候，我们的生命女神就提着手提包登场了。

是的，生命女神得在创造生命之前，先创造出星系，否则，生命在哪里生活呢？

好戏，即将开始。

生命女神先挥舞了一下魔法棒，赋予质子巨大的吸引力。这样，电子无法摆脱质子的吸引力，使得一个电子总是围绕着一个质子运转。于是，氢原子诞生了。

这真是神来之笔。随着温度的进一步降低，氢构成了气体云，这些气体云越积越多，越积越沉，不断凝聚成密度较高的气体云块，最后终于不堪重负而坍陷收缩——群星产生了。

今天我们见到的行星、恒星等多种天体，都是气体云长期演化而成的产物。这些群星像高压锅一样，蓄积着巨大的压力，内部的氢都融合成了氦。

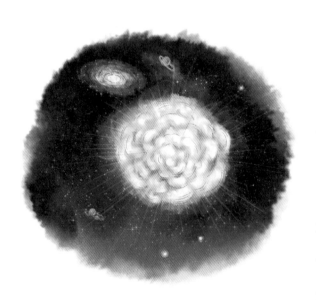

生命女神继续挥舞着魔法棒。她让三个氦原子核结合在一起，生成了碳。碳原子核继续融合氦，变成了氧。

随着无数新星体的相继诞生，一些恒星由于自身的重力不断向内塌陷收缩，密度越来越高，最终不得不以爆炸收场。爆炸将氧、碳等甩进氢云中，让氢与氧进行亲密接触，并在冷却下来的尘粒表面形成了一种全新的分子——水。

水！太好了，水是生命之源，有了水，离创造生命就近了一步了！

大约在 51 亿年前，我们所在的银河系当中，有一团物质丰富的黑色云状物。这团黑色云状物不断萎缩，最后在内部点燃了一个新的大火炉，这就是我们的太阳。一些没有熔化的物质，尤其是灰尘构成的气体，开始围绕着太阳这个大火炉旋转移动，并不断向外扩张，形成了一个由岩石和冰粒组成的巨大平滑圆盘——原始的太阳行星盘。

当然，这还不是我们理想的太阳系，生命女神也不打算让生命就居住在这个巨大的灰尘云团中。

生命女神不停地挥舞魔法棒，水也在不断旋转的太阳之雾中漂移，凝固成冰。旋涡状的尘雾中雷电交加，物质不断地结合成越来越大的团块，形成无数小行星般大小的岩石。这些岩石相互靠近，逐渐在原始行星盘附近诞生了 30 颗小行星。

这就是我们的地球、火星、木星或金星了吗？

还不是。关于它们，我们一个都不认识。这些小行星之间，展开了一场激烈的争夺战。它们在围绕太阳运转的过程中，互相撞击，大行星吞噬着小行星。几亿年之后，才形成了相对稳定的局面：45.7 亿年前，从原始的太阳行星盘中诞生了太阳。在太阳周围，形成了几颗行星，它们距离太阳的位置远近不一，有两颗行星离太阳比较近，第三颗稍远，另外几颗更远。

这第三颗行星，就是我们的地球。它诞生在 45.4 亿年前。

这时的地球还是个婴儿，只有现在地球质量的三分之一。它不断遭到外来星体的撞击，渐渐成长、壮大。它吸收了外来星体的液化水蒸气，把它们像大衣一样披在自己的外部。

就这样，地球的质量越来越大，水也越来越多。但是，就在这个时候，一次巨大的冲撞，不可避免地发生了。

大约在距今 45 亿年前，一颗名为"忒伊亚"、大小与火星相近的小行星撞上了地球。年轻的地球没有想到，世界末日竟来得如此之早。剧烈的撞击造成的大量碎石抛向太空，后来在地球的引力下又回归地球；另一些碎石则在地球周围形成了一

圈碎石圈，最后慢慢凝聚成团，形成了地球的卫星——月球。

这次意外的"天地大冲撞"，没想到反而让地球因祸得福，变得更稳定、更巨大了。最重要的是，它让我们地球生命的夜空中，从此多了一个有时像月牙、有时像银盘的美丽景观。

想象一下，如果没有月亮，我们的夜空中该多乏味呀，诗人们"床前明月光""举杯邀明月""明月千里寄相思"等美丽的诗句，恐怕就无从产生了。

不过这时候的地球，温度还是太高，地表温度高达1260摄氏度，像个大蒸笼。地球表面覆盖着一片大洋，是由水蒸气构成，底下则是会渐渐吸收上方蒸气的岩浆海。

生命女神皱皱眉：这个样子的地球，如何住得了人嘛，让大家一起蒸桑拿吗？应该尽快把地表温度降下来。

生命女神又挥了挥魔法棒。

好啊，下雨了。

倾盆大雨！

哦，只不过，这个时候的雨，称为"烫水"更合适，因为水的温度超过300摄氏度，没有人敢淋这样的雨吧？萌爷爷请你想想看，假如当时有气象预报员，她在电视里这样给大家进行预报：明天白天，暴雨，雨水温度316摄氏度；后天，大暴雨，雨水温度320摄氏度。听了之后，是不是会被吓到？

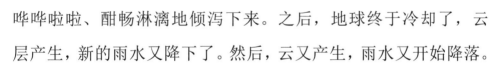

大气层中的所有水分都落到了地球表面，雨水轰轰烈烈、哗哗啦啦、酣畅淋漓地倾泻下来。之后，地球终于冷却了，云层产生，新的雨水又降下了。然后，云又产生，雨水又开始降落。

云，雨。云，雨。日复一日，年复一年。

几百万年就这样过去了。地球表面上，形成了一片原始海洋。只不过在这片原始海洋里，还是没有任何生命。

3. 海底黑烟囱

我们说过，水是万物之源。有了水，离生命女神创造生命又近了一步。

此时的原始海洋里，有些什么呢？

除了遍布地球表面的火山口之外，什么都没有。这些火山

口大多淹没在海水里，只有最高的火山顶才能露出水面。

　　不断的降雨，把大气层中的二氧化碳也冲了下来，与海水中凝固的岩浆发生反应，释放出岩浆中的矿物质。火山的侧面渐渐被侵蚀，海底的沉积物不断加厚。随着沉积物越来越多，重量高达几百万吨，海底薄薄的底层崩塌、熔化了。一些熔化的熔岩流回到地层上方，与不断增厚的沉积物层融为一体发生反应，形成了坚硬的花岗岩。花岗岩渐渐增高，于是，在距离现在 40 亿年之前，第一批岛屿终于冉冉升出海面。

原始海洋时代，宣告结束。

又过了几百万年，花岗岩质的土地不断扩张，直到彼此相遇。它们被缓缓流动的海洋地壳挤在一起，并在赤道附近连成了一片巨大的陆地。这片广袤的陆地被称为超大陆，科学家们将它称作"盘古大陆"。

咦？这个名字有点儿熟悉，前面我们好像提到过。是的，盘古！中国古代神话中的创世之神。巧不巧，第一片远古大陆命名为"盘古"，难道真的只是一种巧合吗？

现在的科学家们相信，地球上所有的岛屿和大陆，无一不是来自一块远古时期的巨大陆地——盘古大陆。只是后来某个时期，这片大陆分崩离析了，并发生了漂移。当然，这些都是后话了。

好了，这个时候，生命女神认为万事俱备，她要开始创造生命了。

生命女神打量着四周，地球被海洋包裹着，海水深度平均达到 10 千米。熔岩等热流令海水沸腾不止，天空不断有可怕的闪电撕裂大气层。地表温度依然很高，像个大蒸笼。

嗯，这样恶劣的环境，根本没法创造生命嘛！

深层的海洋区呢？那里怎么样？

生命女神潜入海底。嗯，也不太让人满意。在汹涌滚烫的熔岩的压力下，海洋地壳发生分离、漂移。水渗入地底后遇到滚烫的岩浆，被煮沸后像沸腾温泉一样从海底喷发出来。这些

温泉水是浑浊的黑色混合物，它把地底下所有的气体和矿物质都带了出来，如氢、硫化物、氨等。黑色混合物喷涌到一定高度后，又落回了海底，沉淀在一起，围绕喷口成为一个"黑烟囱"。随着时间的流逝，有的烟囱达到50多米的高度。

到处都是浑浊不堪的黑烟囱，也不适合创造生命嘛！

但是，等一等，那些气泡是怎么回事？

在黑烟囱的外侧边缘，沉积着很多细微气泡。这些气泡中，充满了各种化学物质：氢、硫、氧、碳等。

生命女神不由得一阵欣喜：找到了，找到了，这些气泡充满着能量，它们就是生命的温床！

生命女神别提有多高兴了，她要在这些海底黑烟囱的气泡里，创造出生命！

她开始忙碌起来了，做着创造生命前的准备工作。首先，她从硫、氧、氢、碳中创造了活跃的醋酸；接着，她让醋酸激发了柠檬酸的循环——这个循环，或许是一切新陈代谢循环中最关键的一环，因为正是它，促成了生命基本元素的产生。

然后，生命女神把魔法棒一挥。

眼睛不要眨，你将见证生命史上的奇迹：氮和醋酸结合成为氨基酸，生命的基本元素开始形成！

接下来，氨基酸结合在一起构成了多肽链，而多肽链又组合成了蛋白质。

啊，蛋白质，这就是生命了吗？

不管它是不是生命，萌爷爷可以肯定地说，它肯定是有机结合物，其中还有很多碳水化合物。

至少，目前来说，生命的一切基本条件都具备了。

接下来，才是真正激动人心的一刻：生命女神要准备创造活蹦乱跳的生命了。

开心不开心？

什么？你已经等不及要变成鱼、变成恐龙、变成鸟、变成人了？

别急，请按次序排队！

漫长的生命前夜（差不多近 100 亿年吧），终于过去了。生命，即将迎来辉煌灿烂的时刻。

我们从哪里来

二、我们来自 40 亿年前的一个细胞吗

1. 什么是生命

是的，生命的一切条件都已具备，生命女神兴致勃勃要开始创造生命了。

可是，什么是生命呢？

你可能会说，生命就是"活物"，非生命就是"死物"。

嗯，这个回答也不错。生命是活物，非生命是死物，谁也不会把活物和死物搞错。活物是生机勃勃的，植物可以开花结果，动物可以活蹦乱跳，人类可以奇思妙想。就连那最最简单的生物——病毒，都千方百计进入植物、动物和人体内，一瞬间繁衍出成千上万的后代，搅得天下不宁。

人死了，从活物变成死物，心脏停搏，呼吸消失，不能说话，也不能动，不能生儿育女，不能胡思乱想。死物是死气沉沉的。

但是，要从科学上说清楚活物与死物的区别、生命体与非生命体的区别，就不是那么容易了。

一般来说，生命体区别于非生命体，主要有两个特征：

一是"自我复制"，二是"新陈代谢"。

什么意思呢？

也就是说，不管是人，还是动物、植物、微生物等等生命体，都可以通过或者有性生殖的过程，或者无性生殖的过程，不断地繁衍后代，复制自身。俗话说，种瓜得瓜，种豆得豆，就是这个意思。而非生命体，却不能在自然界繁衍，种石头不能得石头，种金子不能得金子。

能不能"自我复制"，这是区别活物与死物的第一个标准。

区别活物与死物的第二个标准，是新陈代谢。

新陈代谢是指生物体能够不断地与外界进行物质和能量的交换，同时在生物体内，也不断进行着物质和能量的转变过程。说得再浅显些，就是生物体能不断进行自我更新。新陈代谢是生命体最主要的生命活动形式，如果新陈代谢停止了，生命也就结束了。

具体而言，植物通过根、茎、叶，从土壤和大气中吸收水、二氧化碳和无机物，在阳光的作用下，合成有机物质，储存能量，供构建身体、繁衍后代和生命活动之用（这叫"同化作用"）；同时，植物又要将这些有机物进行分解，或释放能量，供生命活动之用；或制造种子，以传宗接代（这叫"异化作用"）。

植物的同化作用是一种光合作用，吸收二氧化碳，排出氧气。异化作用则是一种呼吸作用，吸收氧气，排出二氧化碳。对动物而言，动物的同化作用是吃进食物，消化食物，排泄废物，实现生命体与外界的物质能量交换。

无机物也有新陈代谢，也要与环境发生交换关系，但无机物在这个过程中遭到毁灭，如岩石的风化。而生命体则在新陈代谢中，得到生存和发展。

因此，生命体的新陈代谢与无机物的新陈代谢，是有本质区别的。

那为什么活物能自我复制和新陈代谢呢？

这就引出了一个区别生命与非生命的更加本质的问题：究竟是谁，在幕后操纵着生命？

生命体为什么会自我复制（生命体的自我复制，叫作"遗传"）？为什么种瓜得瓜种豆得豆，而种金子却不能得金子？为什么只有生命体可以繁殖后代，而非生命体却不行？

从无机物到有机物，从有机物到生命物质，有分水岭吗？这个分水岭在哪里？

由此，探寻"我们从哪里来"的关键一步，就是要搞清楚，我们的先辈是怎样跨过生命和非生命之间的鸿沟的。

2. 生命起源之谜

　　20世纪20年代，有两个科学家奥巴林和霍尔丹，提出了生命起源的化学进化观点。

　　他们认为，在原始地球的条件下，无机物可以转变为有机物，有机物可以发展为生物大分子和多分子体系，直到演变出原始的生命体。

　　但这些都只是理论的推测，还缺乏令人信服的实验证据。

　　1953年，美国化学家斯坦利·米勒突发奇想，想要在实验

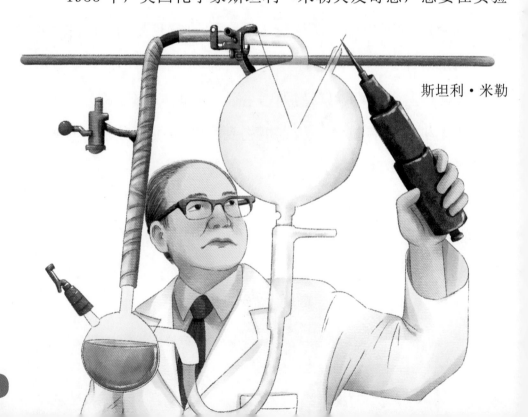

斯坦利·米勒

室里模拟原始地球创造生命物质的过程。他在一个烧瓶里装了电极，模拟大气中的闪电，然后将沸腾的水、甲烷、氨和氢的混合物导入烧瓶里。这些混合物的成分，类似于海底黑烟囱的喷涌物，闪电让这些物质进行化学反应。

结果，在短短的几天之内，产生了生命载体蛋白质的组成成分——氨基酸。

可以说，这是生命起源研究的一次重大突破。

不过，在此后的二十多年，实验并没有取得多大的进展。科学家们没有充分的证据证明，在原始地球条件下，能够产生生命的载体物质究竟是哪一个：蛋白质？DNA？RNA？

后来，有两个科学上的发现，使生命起源之谜有了揭秘的可能。

第一个发现，就是前面提到的海底黑烟囱。1979年，美国科学家比肖夫博士，首次在太平洋海底发现了一种奇异的景象：蒸汽腾腾，烟雾缭绕，黑烟囱林立。

经过仔细观察，比肖夫博士发现，在黑烟囱林中有各种生物生存，特别是古细菌的存在。这些古细菌与已知的生物大不一样，它们能耐住上百度的高温。

这不由得让科学家产生了联想：生命，有可能是起源于黑烟囱的！

科学家进一步联想到：黑烟囱喷发出滚烫而浑浊的海水混合物里，带有各种化学物质，它们在黑烟囱外侧边缘的气泡中，碳和氢首先结合形成了氨基酸和蛋白质，以及很多碳水化合物。接着，各种各样的新物质也开始出现了，四种碳氮化合物组成了环状，产生了对我们影响深远的核酸碱基——它们又被称作腺嘌呤、鸟嘌呤、胞嘧啶、尿嘧啶。该碱基与核糖、磷酸一起组成了一个长长的著名分子"核糖核酸"——简称RNA。这种新型的核酸，已经可以开始进行自我复制了，并能够自己制造蛋白质。

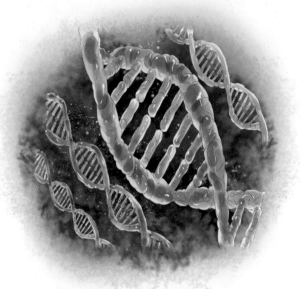

1980年度诺贝尔化学奖获得者吉尔伯特，提出了"RNA世界"假说。他认为，在生命进化的早期，没有蛋白质（酶），生命体仅由一种高分子化合物RNA组成。遗传信息的传递建立于RNA的复制，其复制机理与当今DNA复制机理相似，作为生物催化剂的、由基因编码的蛋白质还不存在，DNA也还没有出现。也就是说，RNA是唯一的遗传物质，是生命的源头。

但这些仅仅是一个假设，并没有任何科学上的证据。

1982年，美国科学家托马斯·罗伯特·切赫的发现，给这个假设提供了一定的依据。

这就是上面提到的第二个伟大发现。切赫在研究中首次证明 RNA 分子并不限于被动遗传信息载体，它们可以有催化功能。

这个发现意义非同寻常，切赫也因此获得了 1989 年的诺贝尔化学奖。我们知道，在生命体内，催化新陈代谢生化反应的酶都是蛋白质，但蛋白质是不能复制的，因此，它不能携带遗传信息。切赫发现一种化学本质是 RNA 的核酶，也有在体内催化生化反应的功能，同时它又能携带遗传信息。

这也意味着，如果这种 RNA 具有复制功能，那么生命起源于 RNA 的可能性就大大提高了。

长期以来，科学家们在分析生命到底是起源于蛋白质，还是起源于 RNA 和 DNA，经历了漫长的探索过程。蛋白质被首先排除掉了，因为它不能携带遗传信息，又不能复制，无法使生命传承下去。DNA 虽然既能携带遗传信息，又能复制，但 DNA 要执行自我复制的功能，必须得有许多酶，也就是说，要有许多蛋白质参加——这就陷入了"先有鸡，还是先有蛋"的悖论：生命的出现，必须鸡和蛋同时存在，这又是不可能的。

托马斯·罗伯特·切赫

如今，要是发现一个既是鸡又是蛋的 RNA，既能携带遗传信息，又能起催化生化反应的双重作用，生命起源的概率就大多了。如果这个 RNA 还能自我复制，生命起源于 RNA，就是板上钉钉的事了。

可惜的是，直到如今，科学家们还没有找到一种天然的具有自我复制功能的 RNA。

不过，在实验室里，科学家们已能实现 RNA 的自我复制。

2009 年，美国科学家杰拉尔德·乔伊斯通过微型试管系统实验发现有 24 个 RNA 实现了自我复制。该实验进行了 100 个小时，乔伊斯最后观察到，复制分子的总数扩增了 1023 倍。最初那几十种复制分子很快就消失了，重组体开始接管整个群落。

2013 年，英国剑桥大学的科学家，人工设计出了能够复制自身的 RNA 分子。

目前，人类设计制造的 RNA 分子，已经可以在能量的帮助下，完成非常高速和准确的自我复制了。

RNA 起源论假说，离彻底胜利的那一天，或许已经不远了。

3. 生命的本质

好了，让我们再回到生命的本质这个问题上来。

生命具有十分复杂的表象，其生化系统也极为复杂。它历经了数十亿年的演化之旅，从简单的细菌，到具有复杂精神与情感、能唱歌跳舞有说有笑的人类。但是，生命的本质，又十分简洁。

那就是：生命＝物质（质量）＋能量＋信息。

就这么简单？

是的，就这么简单。生命既是物质，又超越物质，它有着物质不具有的信息。

宇宙中的万物，都是质量和能量的复合体。生命既然是物质，它就必须遵循物质世界的基本规律——质量守

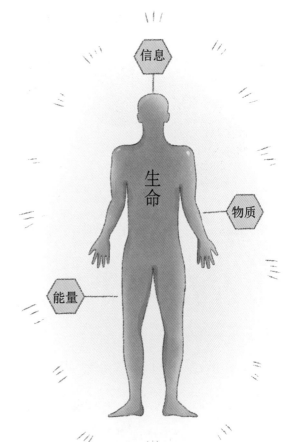

恒，能量也是如此。而生命超越物质的地方，是生命拥有信息，是信息的集合体。它可以将自身的生命过程，储存于一种特殊的信息分子——DNA 或 RNA 中。

这就是生命与非生命最本质的区别：生命，能储存并复制信息。

生命起源的问题，最根本是遗传信息的传递和复制核心技术，即遗传密码子的起源问题。我们知道，遗传信息储存在

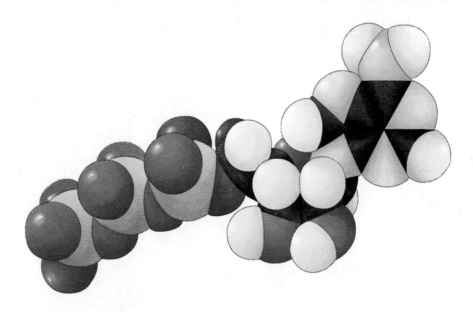

DNA 和 RNA 之中，蛋白质中的组蛋白也参与了遗传信息的传递。现在，虽然大多数科学家同意，在生命的萌芽阶段，RNA 是决定生命的首个分子，但是，RNA 起源论假说还无法解释遗传密码子是如何产生的。

于是，有的科学家就提出了遗传密码子起源于 ATP 的假说。这个假说认为，生命的源头不是 RNA，而是储存能量的物

质 ATP（三磷酸腺苷）。

ATP 是一种高能磷酸化合物，在细胞中，它通过与 ADP（二磷酸腺苷）的相互转化实现贮能和放能，从而保证了细胞各项生命活动的能量供应。地球生命的成功之处，就在于它们在液态水环境中，发展出了一种特殊的本领，这种本领可以将太阳的光能转化为化学能，并构建了一个以 ATP 为化学能载体的细胞生化代谢体系。ATP 中蕴含的能量，来自光合作用，生命尽可能地利用光合作用的产物来实现生命的构建。

永不衰竭的太阳光能，永远循环的水，无处不在的二氧化碳，这些为地球上生命的繁荣奠定了重要的物质和能量基础。

不过，关于生命的原始构件到底是 RNA，还是 ATP，并无定论，科学家们还在孜孜不倦地探索着。希望小朋友们长大了，也能参加到探索者的行列中，把生命的全部秘密搞得清清楚楚。

好了，还是让萌爷爷带你回到 40 亿年前的海底黑烟囱那里吧。在那里，生命女神已经等不及要向我们展示她神奇的魔法，创造生命的奇迹了。

百科小常识　趣味测一测　科普小课堂　故事广播站

4. 原始生命的出现

生命女神游弋在 40 亿年前的海洋里，穿梭于树林般的海底黑烟囱丛林中，注视着黑烟囱壁侧的一个个气泡。

这时的海水，温度约在 20 摄氏度到 30 摄氏度之间。气泡里的温度，则高达 100 摄氏度，充满了海水喷发时带出来的各种化学物质。这样的环境，促成了碳和氢的结合，形成了氨基酸和蛋白质，以及很多碳水化合物。

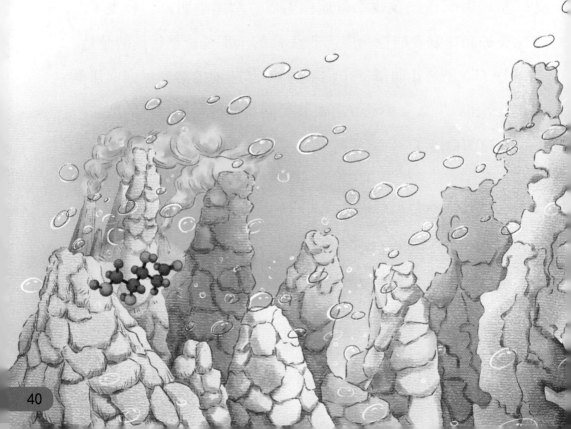

生命女神挥舞着魔法棒，让这些化学物质进行结合，组成各种各样的新物质。这其中，有四种碳氮化合物组成了环状，产生了对我们影响深远的核酸碱基——它们又被称作腺嘌呤、鸟嘌呤、胞嘧啶或尿嘧啶。接着，核糖、磷酸也出现了，它们和核酸碱基组成了RNA。

太好了，有了RNA，就可以开始进行自我复制，并制造蛋白质了。

不过，生命女神还是觉得太过单调，她要举办让每个气泡都参加的音乐会，让碱基们相互组成团队，每个团队由三个成员进行表演。

腺嘌呤、鸟嘌呤、胞嘧啶、尿嘧啶等碱基们一听要在音乐会上进行表演，非常高兴，于是纷纷寻找伙伴组建自己的乐队。它们通过密码语言，相互进行对话：

——嗨，我要组个"小虎队"，要加入吗？只要三个人！

——哈喽，我们是"吉祥三宝"，已经有两人了，还缺一个，有兴趣吗？

——什么？"山鹰组合"？哎哟，听上去不错哦！

于是，每三个碱基组成一个小团队，形成一个固定的团体，也就是我们所说的"三联体密码子"。

不同的组合会形成不同的密码子，每个密码子会将一个氨基酸指派给一个蛋白质。这样一来，氨基酸就获得了一个稳定的秩序，会以相应的次序进行编排，谱写生命的"天书"。

音乐会轰轰烈烈地进行着，各个气泡小团体纷纷登台表演，载歌载舞，乐此不疲。

一天，有个气泡组合中的尿嘧啶突然不见了。

哎呀，这可怎么办呢？马上就要登台表演了，缺少一个小伙伴，这个团体就无法进行表演了！

团体中的另外两个成员，真着急呀，差点儿就要号啕大哭了。生命女神为了安慰它们，临时找来了一个与尿嘧啶结构相似的碱基——胸腺嘧啶，让它顶替尿嘧啶上台表演。

可是，祸不单行，在匆忙中，这个组合中的核酸不小心丢失了一个氧原子。

唉，可怜的孩子！

但是，正是因为这个忙中出错，却产生了一个无比重要的结果：

一个更加稳定的新组合诞生了，它就是"DNA"（脱氧核糖核酸）！这件事情对地球生命来说，意义非凡。

我们后来知道了，生命的天书不就是用 DNA 谱写的吗？

DNA 的出现，可以说是一场革命。DNA 作为基因码的内存，走上了生命的舞台，成为不可取代的角色。后来，人类正是破解了 DNA 里的基因码，借助基因工程技术，就可以进行生命的复制，甚至改造生命了。

但是，DNA 也有一个不足之处：它没有催化功能，不能自行将编码转化成蛋白质。它需要 RNA 当翻译，一起携手共进，共同谱写生命的繁荣之歌。

　　就这样，在一系列的巧合之下，"气泡生命"正式诞生了。

　　嗯，我们可以把它叫作"细胞"。

　　这个细胞，虽然还没有细胞膜，不过它已经五脏俱全，开始了第一轮的"吃喝拉撒"。

　　此时，滚烫的化学混合物还在不断地从黑烟囱里喷涌而出，

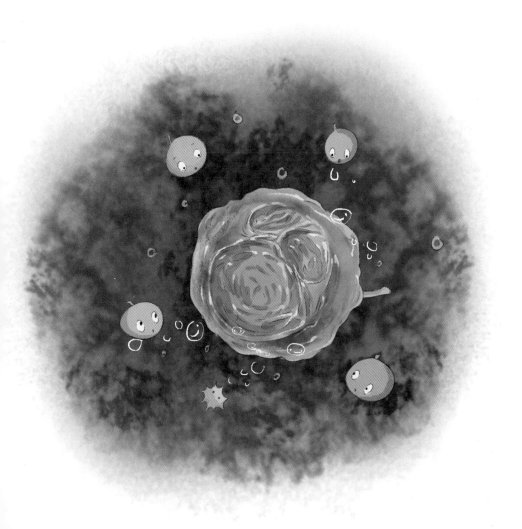

为气泡里的物质提供能量。有营养的物质被细胞"吃"进肚子里，转变成蛋白质和糖；无法再利用的物质，则被"屙"出来。

没错，这就是地球生命的第一次"排泄"。

其他组合看到这个"细胞团体"非常时髦、炫酷，都纷纷效仿，源源不断地产生细胞。一些敢于冒险的细胞不愿意待在狭小的气泡里，它们离开气泡，踏上了征服世界的征途。这些离开气泡的细胞，有的驻扎在黑烟囱壁上的小小细孔中，有的则被抛进了凶险莫测的大海，命运坎坷。

这些地球的早期生命，我们可以称之为"原始细胞"。

原始细胞家族们渐渐适应了各种各样的环境，并开始繁衍后代，各种变种迅速增多。在烟囱森林的外壁上，一个规模庞大的原始细胞群成长起来。

只不过，这些原始生命非常脆弱，有时候火山烟囱发生一场地震，就会轻易让它们全军覆没。大量烟囱森林坍塌，无数气泡被摧毁，气泡里的居民被无情地抛进巨大的洋流里，失去了保护伞（硫化铁气泡可以看作是早期生命的身体），永远消失在海水中。

好在生命女神很有耐心，从不气馁，她把各种各样的灾难看作是家常便饭。原始生命被摧毁一批，她再创造一批。

在创造与毁灭的博弈中，生命女神逐渐意识到，气泡里的各种有机结合物和大分子需要某种东西将它们包裹起来，这样即便气泡破裂，它们也不会散开。于是，她给原始细胞们都做

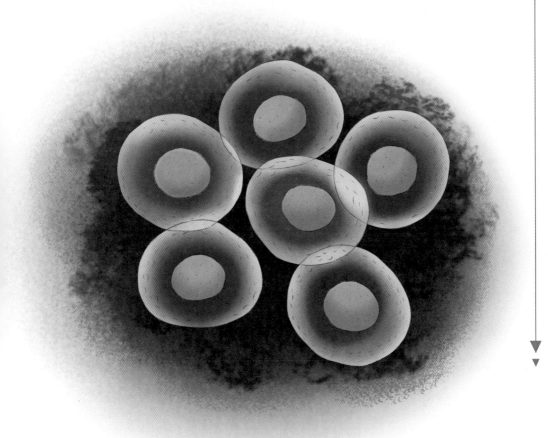

了一件"外衣"，这件"外衣"很特别，是用油脂做成的双层膜，它可以允许某些分子通过，但又能将水隔离在外。

这件"外衣"，就是细胞膜。

有了细胞膜，生命就可以自由扩散了，再也不用担心大自然的可怕威力。这对于细胞生存能力的提高，具有极其重大的意义。

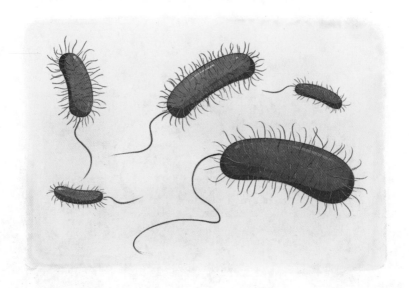

　　穿上细胞膜外衣的原始细胞，才是真正的细胞。它们有了一个新的名字，叫作"真细菌（简称细菌）"。这些早期的单细胞生物，具有极强的忍耐力。其中有一个变种，它们的新陈代谢与细菌不同，抵抗力也更为强悍，它们由更加坚固的外膜包裹，能够抵御极端的气温，我们把它们叫作"古菌"。

　　这个时候，一切复杂生命的基本条件，都已具备了。

微信扫码

百科小常识
趣味测一测
科普小课堂
故事广播站

5.史上第一次"人口"大爆炸

　　有了细胞膜外衣，细菌和古菌就能够无所畏惧地离开硫化铁气泡，自由地随波逐流征战海洋了。

　　这些细菌还没有细胞核，它们属于"原核生物"家族。原核生物是由原核细胞组成的生物。它们的身体非常简单，只有一层由双层分子组成的薄膜将遗传物质 DNA、RNA 包裹其中，形

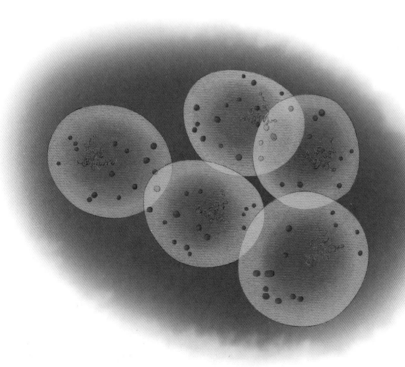

成一个由新陈代谢和自我复制功能集于一体的完整的生命系统。

说白了，它们就像一个个"小包"，最外边是一个双层的膜，里面是一些有机结合物和大分子物质。它们的生命形态，就是这么简单！

但是，你可别小看这些"小包"，它们当中装满了基因信息，非常实用，而且生命力非常顽强。尤其是古菌，它们不但能够抵御极端的气温，还能够提高酸的浓度。它们漂洋过海，迅猛繁殖，一举占领了多个热腾腾的海底泉、火山口和含盐量极高的浅水海域。

2017年3月，《自然》杂志发表了伦敦大学科学家多米尼加·帕皮诺和马修·多德的论文，宣称在加拿大的哈德森海湾发现了距今42.8亿年至37.7亿年前的细菌化石。科学家们认为，

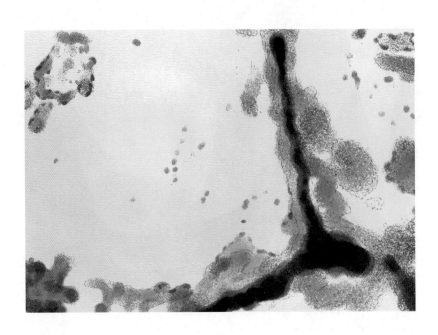

他们在赤铁矿块上发现的一些微小的管、长长的细丝及奇特的波形曲线，极有可能是细菌遗骸。

如果真是如此，那么，这有可能是迄今为止人们发现的最古老的生物化石。

不过，科学家们分析了原始地球上的条件，认为生命诞生于 40 亿年前比较合理。

多德先生在岩石中发现的管状和其他结构化石，让人们不由得联想到现今存活在热液喷口周边的细菌，它们也是细丝状，以铁化合物为食，并在沉淀物中产生管状腔。多德先生和他的同事采集的岩石中，也有着同样包含铁化合物的细丝。这些细丝附着在圆形团块上，该团块与细菌用来附着于岩石表面的微锚栓很相似。化石中，同时蕴含了可能由细菌产生的多种形态

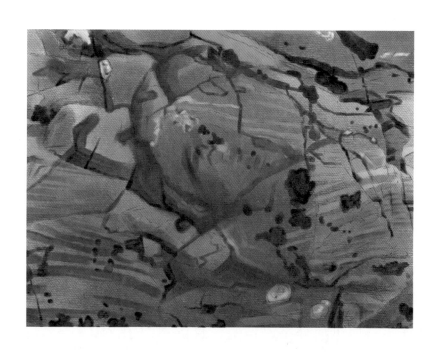

的有机碳。

这一发现，对于理解生命的早期进化具有重大意义。如果这些岩石来自 42 亿年前，那么科学家将能够证实，生命在海洋形成后不久就很快出现了。

无论怎样，细菌和古菌的出现，都具有划时代的意义。这些原核生物家族诞生以后，急速壮大，简直可以被称为史上的第一次"人口"大爆炸。

于是，你可能会问：这些单细胞生命，没有性别，它们是怎样繁殖后代的呢？

的确，这些简单的生命体，是没有"男女"之分的，可它们是怎样实现史上的第一次"人口"大爆炸的呢？

答案很简单，这些单细胞生物繁殖的秘诀是：分裂。

细菌和古菌生长到一定时间，一个细胞就会一分为二，成为两个与母体一模一样的新细胞。

用现在的术语来说，这就像是把自己进行拷贝、翻版，然后这些翻版又会自己继续进行拷贝、翻版……就这样一直不断地"复制"下去，永无止境。

每一个翻版里，都具备着和母体一样的化学能量。而且，每一次翻版的时间，大约只需要 20 分钟到 30 分钟。

天哪，这么快？那一天得分裂出多少个自己？

是的，这也是细菌和古菌"人口"大爆炸的原因。它们就是这样不断地迅速分裂、增殖，直到占领了深海的各个角落。

细菌和古菌的这种分裂繁殖方式，属于"无性生殖"。

细胞分裂的繁殖方式，优点是稳定，除了可能会发生碱基的突变外，新生成的个体与母体，基本上没有多大的变化。

你可能也发现了，这样的繁殖方式也有缺点，就是分裂的速度太可怕了。

想想看，如果单细胞生物无限地分裂下去，数量疯狂增长，那么，最终会出现什么样的结果呢？

最终的结果就是，它们很快就走到了"世界末日"。

我们来计算一下。如果以64次分裂为一个周期，那么一个单细胞生物在两天之内，就会分裂出几兆亿个分身。而这些分身又会在接下来的两天内，继续分离出几兆亿个后代。照这样的速度发展下去，要

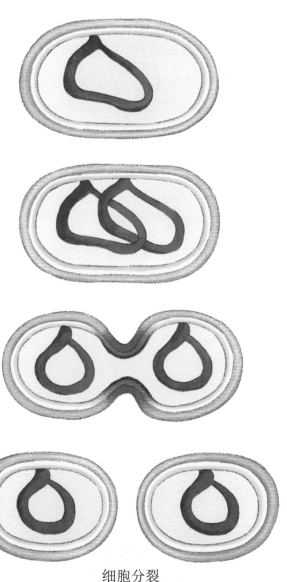

细胞分裂

不了多久，整个地球就会完全被这些单细胞生物所覆盖。

所以，最早的地球生命物种是自己把自己害死的。

那怎么办？生命如何能很合理地延续下去呢？

生命女神感到很苦恼：自己好不容易创造出了生命，让它们能够自我复制、自我繁殖、发展壮大，没想到到头来，它们却自己把自己给害死了。这不是白忙活了一场吗？

不行，得想办法延缓或阻止细胞"疯狂"的自我分裂。

当然，生命女神是很聪明的，她很快就想到了一个办法：先让各种各样的细胞进行"约会"，然后两个细胞结成一对"夫妻"，进行繁殖。

而且，只有某些特定的细胞，才能进行繁殖。

啊哈，这就是我们现在看到的大多数"两性繁殖"的雏形！

两性繁殖，非常有效地阻止了单细胞生物疯狂的"分裂"繁殖。要想生宝宝？对不起，这事你一个人说了不算，你得去找另一个"同伴"来一起商量，需要两个细胞结合才能生出新的细胞宝宝。

6. 多细胞生物的诞生

生命之所以成为可能，是因为物种学会了随机应变。大自然是很残酷的，只有当你适应了环境，你才能够生存下去。

早期的地球生命，就已经懂得了这一点。它们想尽各种办法，使自己得以生存下来，其中，就包括细胞间的相互"结盟"。

今天，我们人类这些更高等的生命之所以存在，不得不说这完全归功于当时的局面，各种各样的细胞进行基因混杂，使得越来越多的物种适应了外部环境。这些单细胞生物统治地球的时间，竟长达20多亿年之久。

直到出现了一个重大事件，才改变了单细胞生物统治地球的局面。

这是一个偶然的事件，被称为原核生物的细菌，捕获了能量制造工厂——线粒体，引发了一场能量革命。

线粒体本是一种独立的生命体，一次偶然

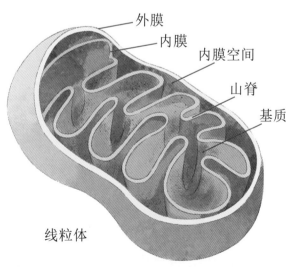

线粒体

外膜
内膜
内膜空间
山脊
基质

的细胞吞噬，使一部分细胞生命收获了这个高效的"ATP工厂"。同时，因为细胞分裂时的偶然错误，分裂的细胞没有分开，形成了多细胞结构的"怪物"。

这个多细胞结构的"怪物"，就是我们今天随处可见的多细胞生物的祖先。从此，生命开始走向丰富多彩的发展道路，演化出今天的地球生物圈。

多细胞生物有体量巨大、吞噬其他细菌的优势。不过，这种优势并没有一下子被自然界所接受。在经过很多次试错之后，才逐渐显出巨大的优势，慢慢发展起来。

据统计，在整个生物演化的历史上，多细胞生命形态至少独立地出现过46次。也就是说，今天地球上的多细胞生命，至少有46个互相独立的源头。

科学家们推测，多细胞生物出现的年代，大约在20亿年前至15亿年前。在这段时期，真菌与古菌开始联盟，喜结连理，它们繁殖出的后代当中，有两个细胞的宝宝，也有四个细胞、八个细胞以及更多细胞的宝宝。它们体内的一些细菌变成了线粒体，这些线粒体至今依然生活在动植物和菌类的细胞中，仿佛一个个小小的化学加工厂，把氧气、糖分和脂肪转化成为生物体所需要的能量。

虽然这些细菌们依然没有雌雄之分，但是它们已经懂得了相互结合，懂得了相互交换自己的基因信息。它们的外壳上，出现了线状的肢节，能够相互间运送基因了。而且在它们体

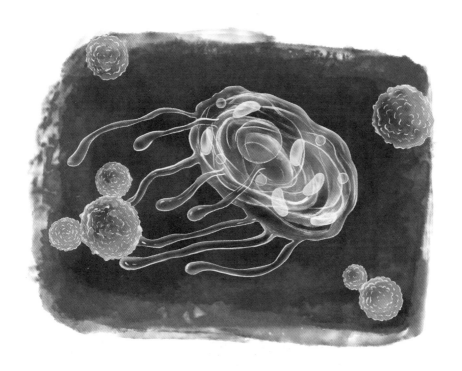

内，只有大型细胞才能繁殖自我——它们生出胚细胞，而胚细胞有简单的基因密码，它们通过减数分裂形成。胚细胞又分为两种。一种是个头较大的卵子细胞，永远驻守在自己的母体中；另一种是个头瘦小行动灵巧的精子细胞，它们可以离开自己的载体，去帮助卵子受精。

当时的很多单细胞生物，在体内生成了一些蛋白质骨架，因而可以通过收缩动作来移动身体；还有的单细胞生物，身体长出了鞭毛，它们可以依靠这些鞭毛的挥动，来推进自己的运动。这些都为后来出现的多细胞生物，打下了很好的基础。

你一定很好奇，最早的多细胞动物，到底是什么样的呢？

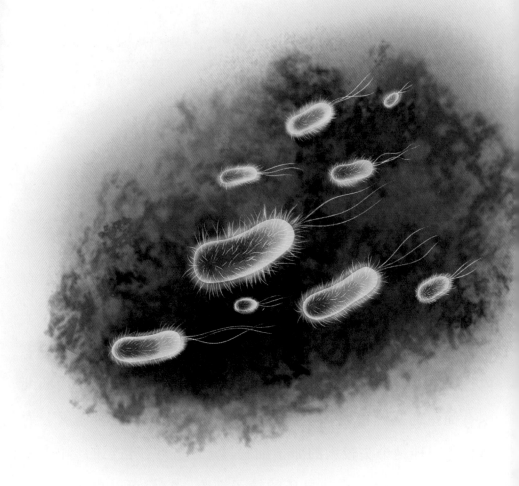

　　嗯，它们的样子，可能让我们这些后辈们大跌眼镜：它们的身体应该是长长的条状。它们一开始，只不过是很多单细胞生物的聚合体，就好像一个庞大的联盟，拥有着很多的鞭毛。

　　这些聚合起来的"怪物"联盟，各个细胞进行了分工，比如有的负责整个联盟的运动，有的负责为联盟放哨，有的负责消化食物，有的则负责繁殖下一代。随着时光的流逝，这些单细胞生物聚合体，才慢慢地演变成为一个个独立而复杂的生命。

与多细胞生物出现的同时，大约16亿年前至12亿年前，还发生了生命史上的另一个重大事件，那就是"真核生物"的出现。

所谓的真核生物，就是在细胞内还有一个被核膜包裹的核，从而在细胞内形成细胞核与细胞质两大部分。细胞核里，有DNA与组蛋白等蛋白质共同组成的染色体结构；在细胞质内，有着内质网、高尔基体、线粒体和溶酶体等细胞器，行使各自的特异功能。

真核生物包括我们熟悉的动物、植物，以及微小的原生动物、单细胞海藻、真菌、苔藓等。我们人类就属于真核生物。

真核生物进行有性繁殖。生命由无性繁殖的单一方式，发展出有性繁殖方式，可以说是生命的"重要事件"。

在地球上生物演化的30多亿年时间里，前20多亿年的生命就停留在无性生殖阶段，进化缓慢；后10亿年左右，进化速度明显加快。这除了与地球环境的变化如含氧大气的出现等原因有关之外，有性生殖的发生与发展，也是一个主要的原因。

在现存的150余万种生物中，从细菌到高等动植物，能进行有性生殖的种类占98%以上，就说明了这一点。

不过，从单细胞生物演化成多细胞生物，是要付出代价的。无性繁殖可使生命长生不老，有性生殖方式却让生命受到寿命的限制。

话又说回来了，正是有性生殖的方式，使得个体生命的存活率提高了上亿倍，并使得生物界富于变化，丰富多彩。

如果让你选择，你愿意选哪一种呢？

7. 地球生命，来自外星吗

尽管生命女神已经为我们进行过演示，让我们知道了地球上的生命是怎样出现的，甚至我们已经能够准确地界定生命在地球上出现的最早时间，然而，并不是所有人都认同这一观点。

有的科学家就提出这样的假设：地球生命会不会是从外星上来的呢？

比如，一些生命是夹杂在陨石或者彗星的内核里，来到了地球上？

有的科学家甚至干脆说，地球生命有可能就是外星生命的后代。

有没有这种可能呢？

当然，这样的假设，并不是完全没有可能。俄罗斯和美国的科学家通过多年的研究发现，在数十亿年前，外太空的陨石和彗星曾频繁撞击地球，其中的一种名为碳质球粒的陨石中，就含有微生物的化石。它们在后来地球生命的形成中，可能起着重要的作用。

也有科学家发现，白垩纪——第三纪界线附近地层中的有机尘埃，是由于一颗或几颗彗星掠过地球时留下的氨基酸形成的。这些科学家认为，在地球形成的早期，彗星就是以这种方式将有机物质像下小雨一样洒落在地球上，或许就成为地球上的生命之源。

2000年2月，《自然》杂志上公布了一幅新的火星图片，则为"地球生命来源于外星"假说提供了更有力的佐证。火星照片显示，火星表面存在着许多陡峭沟壑，这说明，火星的表面曾经涌出过水流，而有液态水的地方，就极有可能存在生命。

于是，就有一些科学家大胆地提出：生命很有可能是最先在外星上开始的，然后跟随陨星降落到了地球上。

多年来一直从事天文学和物理学研究的英国生物学家理查德·道金斯，在其《上帝的错觉》一书中，提到了地球生命起源于外星的可能性。

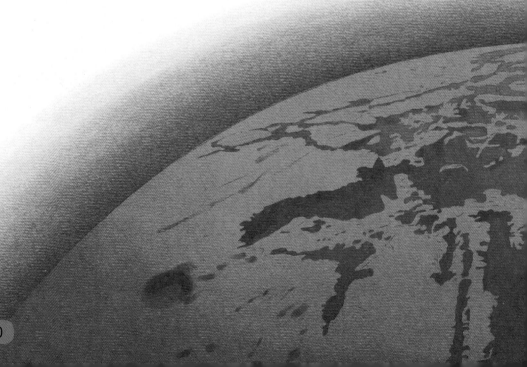

道金斯说，假设在我们的宇宙中，存在着一百亿亿颗行星（嗯，这还只是一个保守的估计数字），其中只有一颗行星上会诞生生命，概率也不能说很大。但是，如果在宇宙之外，还存在着多个宇宙，而每个宇宙中又各含有一百亿亿颗行星，那么所有宇宙中的行星产生生命的概率，加起来就比较可观了。

　　美国宇航局的Ames研究中心，曾做过一项有趣的实验。他们发射出一颗速度为每秒5000米的小球，去碰撞盛有微生物的板子，想要模拟"陨石撞击天体"的过程，看看进行这样的大碰撞之后，微生物们是否能够逃脱厄运。

　　结果，科学家们发现，微生物的存活率可以达到万分之一。

　　万分之一，这对微生物们来说已经是很大的概率了。

　　我们知道微生物都很小，一滴水里大概能装下几万到几

十万个微生物。以此推算，假如每一万个微生物里能有一个微生物存活下来，那么，这个数量也是相当可观的。

　　不久前的一次"太空坠毁"事件也表明，哪怕是较为复杂的生命在经历类似的太空灾难后，也能保存完好。航天飞机在大气中被烧毁后，它所携带的一个密封舱里的蠕虫，不但活着到达了地球，而且还没有丧失繁衍后代的能力。

　　即使是在残酷的真空条件下，生命也不是不可能生存。欧洲科学家已经发现一种可以在太空真空环境中生存的动物——

水熊

缓步类，它们也被称作"水熊"。这种动物虽然只有1～2毫米大小，但却是世界上"生命力最顽强"的物种。不仅仅是太空，"水熊"中的一部分还可以同时在真空和高强度的太阳辐射条件下生存。这是人类迄今为止，发现的唯一一种可以在双重严酷条件下存活的动物。

我们知道，人类、大猩猩和犬类都可以在太空生存，但仅仅只有几分钟。几分钟后，这些动物肺内的空气开始膨胀，血液中的气体开始变成泡泡，嘴里的唾液也开始沸腾。但是，相对低等的菌类、地衣类植物，则可以在太空中长期生存。地心引力的缺失和强烈的温差，对它们的生活几乎没有多大影响。

缓步类动物的发现，证明了至少有一些生命是可以在严酷的太空环境下毫无障碍地存活。这让一些科学家相信，地球的生命来自外星，并非没有可能。

但是，就算是能够找到地球生命最早来自外星的证据，又能说明什么呢？它也只是解释了生命是从另一个星球移居到地球上来的，并不能真正揭示出生命起源的原因。

还有一些科学家认为，如果地外行星上有生命的存在，那也有可能来源于地球，是地球的陨石将生命的种子带到这些行星上的。

加拿大的研究人员通过精确计算，得出了一个结论：大型天体与地球相撞后产生的碎片，也有可能飞越到太阳系的外缘。如果一些来自地球的碎片中夹杂着微生物，那么其中的一部分微生物在经历了碰撞和长期的太空飞行后，或许还能够存活下来。

最近的 500 万年以来，就有大约 100 块来自地球的碎片，抵达了木星的卫星——木卫二；还有大约 30 块碎片，落向土星的卫星——土卫六。一些行星的卫星，或许能给生命的存在提供场所。比如，科学家们在土卫二上就发现液态水存在的迹象。会不会是来自地球的生命，在这些星球上存活下来了呢？

不管怎么说，想要准确地知道几十亿年前地球上发生的事情，可不是那么简单。我们只能说，就像许多科学家认为生命的诞生本身就是个奇迹一样，"一切皆有可能"。

地球生命是否最早来自外星，仍有待科学家们进一步探究。

这个未解之谜，或许下个礼拜我们就能破解，又或许我们还要再等上一两千年。

我们从哪里来

三、我们来自物种的进化吗

1. 一次意义重大的远航

知道了生命的来源之后，萌爷爷再来讲讲，物种的进化之谜是如何被揭开的。

1831年，英国22岁的达尔文以"博物学家"的身份，登上一艘名为"贝格尔号"的海军勘探舰，开始了长达5年的环球远航。

谁也没有想到，正是在这次环球考察的基础上，达尔文发现了生物进化的奥秘，并对现代科学研究产生了深远的影响。

历史选择达尔文作为生物科学的创始人，似乎纯属偶然。因为出生于富裕医生家庭的达尔文，从小就被父亲要求，长大后要当一名医生。

达尔文16岁的时候，父亲把他送进了爱丁堡医学院学医。可是，达尔文不愿意解剖尸体，没能完成学业，不到两年就从医学院退学了。父亲只好降低要求，把他送到剑桥大学去学神学，想着将来如果当个乡间牧师什么的也算体面。达尔文这次不敢再违抗父命，总算挨到了毕业。所以，达尔文从小到大，看起来就不像是一个肩负历史使命的天才，倒像是个整天游手好闲的纨绔子弟。

有一次，他的父亲忍不住指责他说："你整天除了打猎、逗狗，别的什么都不管，你将会是你自己和整个家庭的耻辱。"

其实，达尔文也不像他的父亲说的那样一无是处。达尔文对大自然很感兴趣，他喜欢到野外去收集各种矿石，并捉来一些昆虫制成标本。他很喜欢逮甲虫，所以他的同学给他画了一幅漫画，画中的达尔文骑在一只大甲虫身上，手里拿着个捕蝶网，这就是他给同学们的印象。他在剑桥大学学神学的时候，还经常跑去旁听一些与自然科学有关的课程，参加一些科学考察活动。与此同时，他还经常跟一些优秀的博物学家混在一起，为自己赢得了一个"博物学家"的身份。

1831年，达尔文从剑桥毕业后，曾跟随地质学家前往威尔士考察，并梦想着能有个机会到热带地区做博物学研究。没想到，这个机会很快就来了：英国皇家军舰贝格尔号准备进行一次环球考察，舰长想请剑桥大学推荐一位自然科学家随舰一起考察。很幸运，达尔文得到了这个机会。他非常高兴，但他的父亲并不这样认为。父亲反对他去参加考察，认为这会耽误他在神学职业上的发展。

在舅舅的帮助下，达尔文终于说服了父亲，并侥幸通过了舰长苛刻的面试。1831年12月，达尔文带上指南针、望远镜和一把小手枪，登上贝格尔号，踏上了环球探索之旅。

整个旅程的三分之二时间，达尔文都在陆地上度过，特别是在巴西、阿根廷、智利等南美国家。一路上，达尔文可谓大开眼界，流连忘返，原本计划 2 年完成的旅程，后来持续了 5 年。

达尔文每到一地，都做了大量的笔记，这些笔记后来成为他研究进化论的主要依据。达尔文把他看到的稀奇植物和动物，一一写信描述汇报给远在剑桥的良师益友。达尔文的发现开始在当时的学术界流传，这也可以被看作是达尔文后来进入科学界、成为一个被认可的自然学者的开始。

在旅途中，参天大树、青蛙、甲虫、奇花异草，都是达尔文追逐的目标。他发现了大量物种以及相关化石，比如在阿根廷发

达尔文

现的巨型树獭化石，这使他开始思考物种灭绝的原因。他原想在炎热的加拉帕戈斯群岛上寻找更古老的"创造者"的痕迹，却发现了知更鸟在不同岛屿之间的差异和联系，这让他开始思考，它们是否源自同一祖先？

经过 5 年漫长的旅程，1836 年 10 月，达尔文带着几千页的观察笔记、几千种物种标本回到英国，其中几百种是他在欧

洲从未见过的。他的进化论思想从此萌芽，"生命进化树"开始生根。有意思的是，当初达尔文踏上贝格尔号时，他还是个相信上帝存在的神学毕业生、正统的基督教徒，而当他结束了环球考察回到英格兰时，却已经完全抛弃了基督教信仰，成为不相信上帝存在的怀疑论者。

1837年，达尔文开始秘密地研究进化论。他的第一堆笔记，是家养和自然环境下动植物的变异。他研究了所有到手的资料，很快得出结论：家养动植物的变异是人工精心选择造成的。同时，受到英国经济学家托马斯·马尔萨斯的《人口论》一书的启发，达尔文开始意识到：任何物种的个体都各不相同，都存在着变异，这些变异可能是中性的，也可能会影响生存能力，导致个体的生存能力有强有弱。在生存竞争中，生存能力强的个体能产生较多的后代，种族得以繁衍，在数量上逐渐取得优势；而生存能力弱的个体，则逐渐被淘汰。

这就是所谓的"适者生存"。适者生存的结果，是使生物的物种，因为适应环境而逐渐发生了变化。

达尔文把这个过程，称为"自然选择"。

这就是达尔文进化论中"物竞天择"的原则。达尔文认为，所有的生命都只有一个祖先，因为生命都起源于一个原始细胞的开端。生物是从简单到复杂、从低级到高级逐步发展而来的。生物在进化的过程中，不断地进行着生存斗争，进行着自然选择。

换句话说，我们人类的悠久历史，也是起源于"某些原始细胞"。只是在后来的进化过程中，这些原始细胞进化成了脊椎动物、两栖动物、哺乳动物，再经过不断的进化，才变成了今天的猪、狗、人类……

但是，达尔文把这些理论记录下来已是 4 年之后了。达尔文非常谨慎，只是把手稿送给一些朋友征求意见。

因为他太清楚了，一旦自己的进化理论发表，将会对社会产生怎样的震撼！

在当时，绝大多数英国人相信自然界是上帝创造和赐予的，物种之间是毫无联系的，更不是从一个"家族树"上延展开的。那时候，英国人不太会周游世界，对世界的了解和个人的生活，都是沿袭家族传统。他们认为，世界很年轻，只有 6000 年的历史。

就连达尔文本人，也对自己的发现和得出的结论感到疑虑重重、惶恐不安。

这不难理解，他的理论在当时社会看来是多么的"大逆不道"和"离经叛道"啊！这是对神灵的亵渎。而对达尔文自己来说，更是对相信上帝创造自然的剑桥导师和学术界的背叛，以及对自己深爱的、笃信上帝的妻子的伤害。

因此，达尔文把自己的研究和发现，视为一个"不可告人的秘密"。

就这样，达尔文不断地挣扎，不断地研究，不断地用一切方法证实自己理论的成立，然后悄悄写成文字。并且，他还留下一份遗嘱：他有关进化论的手稿，只能在他死后发表。

但是到了 1858 年的夏天，一切都改变了。

这年夏天，达尔文收到一封让他感到无比震惊的来信。这封信是一个名叫华莱士的年轻生物地理学家寄来的，当时他正在印度尼西亚考察和研究动植物物种。跟达尔文一样，他所观察到的生物的地理分布特点，也促使他思考生物进化的问题，并且他也独立地发现了自然选择理论。华莱士出身贫寒，又极其反对基督教，没有达尔文作为上层社会人士的种种顾虑，因此华莱士以一股初生牛犊不怕虎的劲头，用三个晚上就写成了一篇论证自然选择的论文，寄给达尔文征求意见。

华莱士并不知道，此时达尔文已研究了 20 年的进化论，他之所以会找上达尔文，完全是由于达尔文在生物地理学学界的崇高地位。达尔文读了华莱士的论文，见到自己的理论出现在别人的笔下时，其震惊和沮丧的程度可想而知。这促使他很快于 1859 年正式出版了《物种起源》。

1859 年 11 月 24 日，在英国伦敦，这是很不平凡的一天。这一天，

71

伦敦众多市民拥向一家书店，争相购买一本刚出版的新书——《物种起源》。这本书的第一版 1250 册，在出版之日即全部销售一空。

《物种起源》的发表，正如达尔文意料的那样，掀起了轩然大波。它从根本上否定了上帝创造世界和生物的理论，第一次把生物学建立在完全科学的基础上，沉重地打击了神权统治的根基。因此，从教会到封建御用文人都狂怒了，他们群起而攻之，诬蔑达尔文的学说"亵渎圣灵"，触犯"君权神授天理"，有失人类尊严。

但以英国博物学家托马斯·亨利·赫胥黎为代表的进步学者，则积极宣传和捍卫达尔文主义。赫胥黎说："我认为《物种起源》这本书的格调是再好也没有的，它可以感动那些对这个问题一无所知的人们。达尔文的理论，我准备即使赴汤蹈火也要支持。"

进化论从诞生的第一天起，争议就一直不停。但是，它打开了人们的思想禁锢，启发和教育了人们，让人们从宗教迷信的束缚下解放出来。

即便如此，在进化论诞生以后直到 21 世纪的今天，仍然有不少人相信是上帝创造的一切，仍然相信智慧设计论。还有一些人，认为世间还是有人类力量所不及的现象存在，还是有人类无法认知和解释的超自然。

对达尔文来说，在有生之年勇敢地把自己的"秘密研究"——《物种起源》发表出来，他的心情无比舒畅，如释重负。

1882 年 4 月 19 日，达尔文与世长辞，英国上下的各大报纸出现了如此的评价："他是我们时代，大概也将是所有时代最伟大的自然学家""我们的孩子会记住：他是牛顿之后最伟大的英国人"。

达尔文，一个革命性的名字，他以彻底颠覆性的自然学思想，引领着现代科学飞速前行。达尔文和牛顿一起，成为科学的最神圣标志。

一个多世纪之后的今天，达尔文的《物种起源》进化理论，已经成为现代生物学的坚实基础。在他的时代，虽然还没有人类 DNA、遗传学等等诸如此类的概念，但在他的"生命进化树"上生长起来的自然选择学说，却成为人们认识和了解自然，了解我们赖以生存的世界以及人类本身的依据。

如今，达尔文的进化论已得到不断的发展，同时也在不断地"进化"着。20 世纪 40 年代初，英国人约翰·斯科特·霍尔丹和俄国出生的美籍生物学家杜布赞斯基创立了"现代进化论"，摒弃了达尔文把个体作为生物进化基本单位的说法，而把群体作为进化的基本单位。现代进化论认为，突变是物种的一种适应性状；自然选择的作用，不是通过对优胜个体的挑选，而是以消灭没有适应能力的个体这一方式实现的。

现代进化论，很好地解释了古典达尔文主义无法解释的许多事实。

2. 埃迪卡拉纪：另类生命的尝试

知道了物种进化的规律，让我们再回到 10 亿年前的地球，看看生命女神又在忙些什么。

你可能会想，生命女神创造出细菌和古菌之后，肯定又在琢磨要创造点儿更有意思的生物了。

但是，错了！生命女神竟然是在睡大觉，而且一睡就是几亿年！

什么？

这生命女神也太不思进取了吧，才刚刚创造出一些小小的细菌，就睡大觉了？后面还有那么多的生物在等着她创造呢！

喂，生命女神，快醒醒，起来干活了！

其实，你错怪生命女神了。这个时候，生命女神也没有办法，只能睡大觉。

因为，这段时期，地球进入了冰河期。

冰河期指的是地球上大规模冰川活动的时期。冰河期到来的时候，地球的温度会降得极低，仿佛被冰冻了似的，地球像个巨大的"雪球"。在严寒残酷的考验下，生命的发展进程，被大大地延缓了。

冰河期对于地球来说，并不是太陌生。根据我们的了解，地球上的冰河期曾经有过三次，最早的冰河期大概发生在23亿年前；距离最近的冰河期，也发生在大约1.8万年到1万年以前了。地球生命就是在连续不断出现的冰河期夹缝里面求生存的。据预测，下一个即将到来的冰河期，大概会在5000年到1.5万年之后。

在冰河期，生命女神什么都不能做，只好睡大觉了。

只是在这个过程中，我们不知道当时地球上的生命是如何

躲过这场灾难的。或许，它们又回到了自己的摇篮——海底的"黑烟囱"里去避难了吧？

几亿年漫长的冰河期终于过去，太阳又暖暖地照在海洋上。细菌、古菌们揉揉眼睛，又开始蠢蠢欲动了。

一些最先获得光合作用能力的细菌变种——蓝绿藻，在阳光海岸找到了自己的安身之地。它们一边晒着太阳，一边释放出氧气，并着手建造自己的巨型城市——粗大柱状的叠层石。

这些蓝绿藻，可以看作是一切植物的祖先。

这时，未来生物的祖先都已就位：动物、植物和菌类。

生命女神此时也醒了过来。她一看有点儿不好意思了，一觉竟睡了这么久，抱歉抱歉，得抓紧时间创造一大波新生命了。

欢迎大家来到生命的伊甸园——埃迪卡拉纪！

埃迪卡拉纪，即 6.3 亿年前到 5.42 亿年前，寒武纪生命大爆发的前夜。这段时期，生命女神创造了许许多多奇形怪状的生物，有的像薄饼或飞盘，漂浮在海水中；有的像长条面包，在海底蠕动。

但对于我们人类来说，这个时期可谓疑云重重，完全不为人所知。科学家们很难从埃迪卡拉纪的生物化石中，判断一个长达两米的庞然大物是什么东西。这些生物有代谢、有生命，可是很奇怪，它们竟然没有任何运动器官，也没有任何组织结构，和现在地球上的任何动物都找不到"亲缘"关系，和植物也完全不同。还有很多生物，它们没有一个和之后时期的动物或植物有任何相像之处。

这些生物到底是什么呢？

它们究竟是动物，还是植物？或者两者都不是？

难道是不明飞行物？

然而，正是从这谜一样的时期之后，无数高等的有机生物仿佛凭空出现一样在随后到来的寒武纪诞生了。它们有脚有眼，甲壳螯钳，全副武装，张牙舞爪。是的，这才是我们熟悉的生物模样。

那埃迪卡拉纪的这些怪咖们，究竟是些什么生物呢？

德国地质学家阿道夫·塞尔拉赫提出了自己独到的看法。他认为，埃迪卡拉纪这些光怪陆离的生物，可能都是一些巨大的单细胞生物。它们身体扁平，就好像是一个个气垫。它们没有嘴巴、食道和肛门，身体可被分成多个蓄满水的、逐个缝接的小单位。

在塞尔拉赫看来，埃迪卡拉纪可能出现过除菌类、植物和动物三大王国之外的进化生物的第四王国——文德阶生物（一种很难明确归为动物、菌类或植物范畴的生物化石）。这是另一种生命发展的阶段。

换句话说，在埃迪卡拉纪这个不为人知的时期中，生命女神可能尝试过创造一些与现在所有生物都不一样的另类生命。只是很可惜，它们后来都灭绝了。

真是很可惜，要不然我们现在就骑着这些气垫生物在天上飞了。

塞尔拉赫推测，当时的地球在经历冰河期之后不断变暖，世界各地的海平面在升高，淹没了海拔较低的海岸区域，形成了一些气候温和、广阔的浅海区，仿佛一个生命的伊甸园。大量的气垫生物，就生活在这些黄金海岸线里，享受着阳光和平

静的生活，用外面的皮肤来吸取海水中丰富的营养物质。

塞尔拉赫的观点，也遭到了一些人的反对。反对者说，在埃迪卡拉岩层的化石中，同样发现了一些骨骼状的针形生物，类似现代的海绵动物，这些可能是最早的环节动物、节肢动物以及棘皮动物。此外，研究者们还在中国的南部发现了一些前寒武纪动物胚胎的化石——一些灰蓝色的微型细胞球，有些正在分裂，有的即将成长为动物的雏形。反对者们说，既然当时已出现这些动物，就不可能单独存在那样一个另一种生命发展的

阶段。

目前，越来越多的科学家认为，埃迪卡拉纪这些长相奇特的气垫生物，就是后期的动物的祖先。塞尔拉赫后来也不得不接受这种说法。但是他仍然坚信，由于文德阶生物的外观实在是太奇特了，地球上极可能存在过另一支生命发展的脉络。

当然，持有这种观点的科学家也不只塞尔拉赫一个。美国地质学家马克·麦那林在他的《埃迪卡拉乐园》一书中，就把埃迪卡拉纪描绘成与今天所有生命截然不同的另一种生物的时代。马克为那些聪慧的大型单细胞生物的灭绝而感到遗憾："另一种智慧生命形式被扼杀了，它与今天的生命截然不同。埃迪卡拉生物群是生命的第二次实验，这种生命形式，大幅提高了其他行星上有智慧生物的可能性。"

我国南京古生物研究所的研究员朱茂炎教授，也认为埃迪卡拉生物群可能是一次失败的生命进化尝试。他说，生命起源的初期，地球上的生命现象有各种不同的分支，像树状，它们尝试着用不同方式走一条生命进化的道路。但是，由于地球偶然性的变化，毁灭性事件的发生，让在这些道路上行进的生命很有可能就此灭绝。而另外一些不起眼、演化速度慢的生物，反而可能错过了这些毁灭过程，生存了下来，最终逐渐演化成了今天的生命。

3. 寒武纪生命大爆发

1909年8月，美国古生物学家、地质学家查尔斯·沃尔科特和他的家人朋友在加拿大落基山脉探险时，他的马突然停下不走了。在他面前，有很多被泥石流带下来的岩石块挡住了路。

年近60岁的沃尔科特只好跳下马来，清理面前的路障。这时，他的目光被一块岩石碎片吸引住了。在这块石头上面，有一个像被画在上面的奇怪生物，长着长长的触角，并向后弯着，角上分四个叉，身体节节相连，体侧长着一些带着腮的细脚。

沃尔科特好奇地捡起石块一看，原来是一块古生物化石。

沃尔科特非常高兴，马上喊来妻子、儿子和朋友们都来搜寻。结果，他们在这个地方，共发现了几千块生物遗体的化石，而且全都是一些稀奇古怪的东西，有的像龙虾，瞪着大大的复眼，有甲壳、触须和螯针；有的像蠕虫和水母；有的则看起来完全不像是动物。

经过调查研究，沃尔科特证实这些泥石流倾泻地区上方的页岩层，来自寒武纪，已有4亿8800万年到5亿4200万年的历史。那个时候，地球正处于大洪水时代，大多数的生物都生活在海洋里。

到 1924 年为止，沃尔科特和他的助手，一共搜集到了 65000 块化石，发现了 100 多个物种。这些大量被发现的生物化石，被命名为"布尔吉斯生物群"。

这个发现，让科学家们感到非常困惑，在寒武纪之前更为古老的地层中，长期以来找不到动物化石，而在迄今5亿4200万年前的寒武纪开始之后，绝大多数无脊椎动物的化石几乎是"同时""突然"地在几百万年间的时间内出现了。这种现象，被古生物学家称作"寒武纪生命大爆发"。

究竟是什么原因，造成了这种生命大爆发的现象？

达尔文在他的《物种起源》中，也提到了这一事实，并感到大为迷惑。达尔文认为，这一事实会被人用来作为反对他的进化论的有力证据。但他同时解释说，寒武纪的动物一定是来自前寒武纪动物的祖先，是经过很长时间的进化过程产生的，寒武纪动物化石出现的"突然性"，可能与前寒武纪动物化石的缺乏、地质记录的不完全或者老地层淹没在海洋中的缘故有关。

寒武纪生命大爆发，吸引了无数的古生物学家寻找证据探讨其起因。100多年以来的证据，衍生出了以下两种基本观点：

第一种观点认为，寒武纪生命大爆发可能是一种假象。

持这种观点的科学家认为，所谓的"生命大爆发"，只是表明首次在生物化石中发现了早在前寒武纪就已广泛存在的生物，其他的生物化石群，则可能由于地质记录的不完全而"缺档"。造成这种"缺档"的原因，可能是因为前寒武纪地层经历着热与压力，其中的化石被销毁了。

但是，由于被发现的一些前寒武纪化石沉积层中，存在大量像细菌和蓝藻这样简单的原核生物，因此这一解释不再具有说服力。

第二种观点认为，寒武纪生命大爆发，代表了生物进化过程中的真实事件。科学家从物理环境和生态环境的变化两个方面，解释了这一现象。

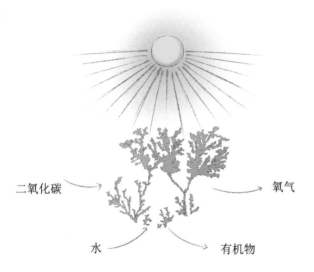

二氧化碳 → 氧气

水 → 有机物

物理学家认为，寒武纪生命大爆发是由于地球大气的氧造成的。在早期地球的大气中，含有很少的氧，或根本就没有氧，氧是前寒武纪的藻类植物进行光合作用产生的，并逐渐积累而来。到了寒武纪，大气中积累了大量的氧，为生命的大爆发创造了条件。后生动物需要大量的氧，一方面用于呼吸作用，另一方面氧还以臭氧的形式在大气中吸收大量有害的紫外线，使后生动物免于受到有害辐射的损伤。

然而，来自地质学的证据否定了这种氧理论的观点。大约在距今 10 亿年至 20 亿年之间的广泛沉积层中，就含有大量严重氧化的岩石，说明在这一时期内，已经存在足够生命爆发的氧条件。

生物学家则认为，造成寒武纪生命大爆发的一个原因，是有性生殖的出现。由于有性生殖提供了遗传变异性，从而有可能进一步增加了生物的多样性，造成寒武纪生命大爆发。

此外，还有一个原因，在前寒武纪的 25 亿年的多数时间里，海洋是一个以原核蓝藻为主的单一的生态系统，海洋完全被这种种类少但数量大的生物群落占据，所以这种群落的进化非常缓慢。到了寒武纪前期，出现了"凶狠的"以吃原核蓝藻为生的原生动物，于是，它们相互进行较劲，使得原核蓝藻不得不增加了许多新物种，以保住自己的小命，而"猎杀者"原生动物，也同样增加了许多新的物种，来"收拾"那些不断出现的新的生产者。这种矛盾，使得整个生态系统的生物多样性不断丰富，最终导致了寒武纪的生命大爆发。

我国云南省澄江县发现的"澄江生物群"，也证实了"寒武纪生命大爆发"的存在。这个发现，为探索寒武纪生命大爆发的奥秘，开启了一扇宝贵的科学之门。

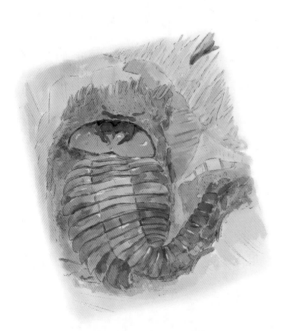

1984 年 7 月，在我国云南澄江的帽天山上，发现了距今约 5.7 亿年的生物化石群，保存了

十分珍稀的动物软体构造，栩栩如生地再现了远古海洋生命的壮丽景观和现生动物的原始特征。这是一个内容十分丰富、保存非常完美的化石群，其成员包括水母状生物、三叶虫、具附肢的非三叶的节肢动物、蠕形动物、海绵动物等，甚至还有低等脊索动物或半索动物（比如著名的云南虫）等。

"澄江生物群"的发现，恰好成了联系"埃迪卡拉生物群"和"布尔吉斯生物群"之间的重要环节，使得科学家们对埃迪卡拉—澄江—布尔吉斯三个生物群之间的演化关系，会更加清楚。

这三个生物群的相继发现，对达尔文的进化论不断造成冲击，同时也为"间断平衡"理论提供了事实依据。

什么是"间断平衡"理论呢？

这种理论认为，生物的进化过程，或许并不像达尔文进化论所强调的那样，是一个缓慢的连续渐变积累过程，而是长期的稳定（甚至不变）与短暂的巨变交替的过程，从而在地质记录中留下许多空缺。布尔吉斯生物群、埃迪卡拉生物群和澄江生物群的发现，正好生动地说明生物的进化并不总是渐进的，而是渐进与跃进并存的过程。

不好理解吗？

好吧，萌爷爷请你想象一下，假如几亿年以后的高智慧生命在研究我们人类历史的时候，他们可能也会感到相当的困惑，为什么人类的祖先学会直立行走花了几百万年的时间，而在短短的几百年时间里，人类突然就拥有了汽车高铁、飞机火箭、电脑手机了呢？人类在700多万年的历史发展中出现如此出乎意料的一跃，是不是很像寒武纪的生命大爆发？

也许，生命进化的过程就是这样的。在早期的地球，由于环境条件的制约，比如冰河期的到来，延缓了生命的进化，又或许复杂的生物、对称的身体、会跑会飞的动物在当时还没有存在的必要，所以，生命女神就耐着性子静静地等待了30亿年。这点儿时间，对于生命女神来说，根本不算什么，也许就是眨一下眼睛的事。当等到环境条件成熟了，需要革新了，生命女神才施展神奇的魔法，让生命突然迅猛发展。

就这样，按部就班的进化停止了，取而代之的是爆炸式的生命突变。

4. 欢迎来到石炭纪"巨虫时代"

你可能想不到，我们的地球上曾经是一些巨虫的天下。

恐龙？不，不是恐龙。那时还没轮到恐龙说话。

那是在距今 3.6 亿年到 2.99 亿年前的石炭纪。如果你漫步在森林里，你也许会踩到一只两米长的大蜈蚣，或遇到翅翼长达 70 厘米的大蜻蜓。

什么？你被蚊子叮了？不要拍，你拍不死它的。那时候蚊子的个头儿，起码跟一只老鹰差不多。赶快逃命吧！

如果你到水里去游泳……算了，萌爷爷劝你还是打消这个念头，因

为海里尽是古乌贼——巨型菊石的天下。它们的手足很多，没准抓住你之后，你就得跟它们一起在水里生活了。而在河流中，则潜伏着很多巨大的棘鱼纲生物，如果你不怕，就去试试吧。

你会说，天哪，这是怎么回事呀？为什么所有的生物都长得如此巨大呢？

没错，在石炭纪，所有的生物都仿佛得了"巨人症"，包括后来在三叠纪和侏罗纪出现的恐龙，都得了这种病，一个个长得又大又重，跑都跑不动。想想看，一只大如野猪的蜘蛛，织着一张巨网来捕捉你，这是一个什么样的情景？保证你当时想都不想提"上网"这两个字。

是什么原因，使得石炭纪的生物长得如此巨大呢？

很有可能是当时的植物长得太过茂盛了，空气中的氧气含量太过充足，不仅促使生物的新陈代谢加速，也提高了昆虫气管的扩张能力。于是，大家就拼命地长啊长。

陆地上的森林，大概是在之前的泥盆纪——距今约 3.9 亿年前出现的。当时在地球南部，由非洲、南美洲、澳洲和南极洲的前身结合而成的冈瓦纳大陆，正在与赤道附近的劳拉西亚大陆缓慢地靠近。很多岛屿在地震和火山爆发的推波助澜下集结，第一批山峦拔地而起，峡谷和内海也渐渐形成。与此同时，一些海洋里的藻类、苔藓植物被海水冲到沙滩或岩石上，开始在陆地上生根发芽。这些早期的针叶植物、茎类植物、蕨类植物，以及一切高等的孢子和苔类植物，渐渐占领了广阔的湿地，

肆无忌惮地蓬勃生长。

最早的树木也站立起来了，它们恐怕是最先得"巨人症"的家伙。

在泥盆纪的末期，这些植物长成了一片蕨类植物之林，高度可以达到 30 米。

在茂密的森林里，无翅膀的昆虫爬来爬去，活蹦乱跳。充足的氧气和无忧无虑的生活，使得这些昆虫一个个发育超好，身体健壮。

生命正在以令人咋舌的规模茁壮成长，无论是在海岸上，还是在广袤的海洋里。

泥盆纪结束的时候，也许是被陆地上美丽的风光吸引了，

一些两栖动物蹒跚着爬到了岸上。就这样，地球生命进入了爬行动物和哺乳动物的阶段，生命翻开进化史上崭新的一页。

到了石炭纪初期，赤道附近形成了高达 40 米的热带雨林。在这个炎热潮湿的世界中，植物长得枝繁叶茂，氧的含量升高到了 35％。

植物们如此蓬勃发展，昆虫们肯定也不甘示弱。于是，地球迎来了一个让我们感到吃惊不已的时代——"巨虫时代"！

也许你还在为刚才老鹰般大小的蚊子叮你、野猪般大小的蜘蛛用巨网捕猎你而耿耿于怀。哈哈，不要太往心里去，其实"巨虫时代"也不都是那么可怕。萌爷爷现在带你去看看"巨虫时代"有哪些好的方面。

首先，你可以乘坐双层蜈蚣大巴去上学，或者骑着蜻蜓直升机去旅游。

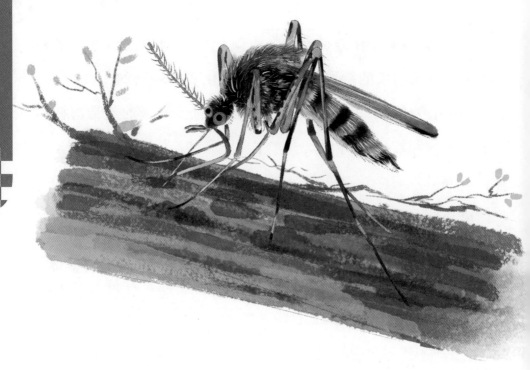

其次，蜘蛛、蚊子很凶狠？没关系，你可以把它们驯养成看家狗，这样小偷就不敢轻易闯进你家里偷东西了。

此外，你如果想种地，就可以利用蝗虫来帮你犁地，它们身壮如牛，力大无穷，包你满意。

在你无聊的时候，还可以捉来一只大蝴蝶，在它身上拴一根线，然后像放风筝一样，看它在天上翩翩起舞。

好玩吧？

可惜的是，好玩的"巨虫时代"并不长久。到了距今2.5亿年前的二叠纪末期，一场突如其来的灾难降临，使得这些森林巨宠们全都消失了。

这场灾难，是由气候突变、沙漠范围扩大、火山爆发等一系列原因造成的。灾难造成了有史以来最严重的大灭绝事件，地球上约有 96% 的物种灭绝，其中包括大约 95% 的海洋生物和 75% 的陆生脊椎动物。三叶虫、海蝎以及重要的珊瑚类群全部消失，陆栖的许多爬行类群也灭绝了。

灾难就是灾难，灾难才不管你需不需要乘坐双层蜈蚣大巴去上学，也不在乎你需不需要骑着蜻蜓直升机去旅游。灾难就是这副脾性，总是看不惯地球上的生命蓬勃发展、一派欣欣向荣的样子。它就是喜欢恶作剧，时不时跑过来找你的麻烦。

二叠纪的这次大灭绝，使得占领海洋近 3 亿年的主要生物从此衰败并消失，让位于新生物种类，生态系统也获得了一次最彻底的更新，为恐龙类等爬行类动物的进化铺平了道路。

科学界普遍认为，二叠纪的这次大灭绝，是地球历史从古生代向中生代转折的里程碑。

但是，灾难并不能阻止生命前进，反而让生命变得越来越顽强。虽然此后还发生过几次物种大灭绝（比如 6500 万年前的恐龙大灭绝），但只要还有生命存在，它们就会不断进化，高歌猛进。

是的，生命会一直进化，进化到学会说话、写字，然后阅读到这些文字。以后，也还会继续进化下去。

我们从哪里来

四、我们来自 5 亿年前的一条鱼吗

1. 史前生物的"活化石"

前面说了那么多，你是不是感到有些不耐烦了：萌爷爷，我们人类怎么还没出现，生命女神到底在搞什么名堂？

别急，我们马上就会讲到人类了。

哦，不，是人类的远祖。

让我们回到6.5亿年前。这个时候，漫长的冰河期刚刚过去，太阳暖暖地照在海洋上，细菌、古菌们获得了空前的发展，未来生物的祖先——动物、植物和真菌类开始就位。这个时候，生命女神正在忙着埃迪卡拉纪的另类生命尝试，根本就无暇顾及早先这些细菌们的繁殖和进化。

但是，就在这一时期，生命史上两个重要的事件发生了——"刺胞动物""棘皮动物"闪亮登场。

咦，"刺胞动物""棘皮动物"，这是什么怪东西？听上去怪怪的。

刺胞动物又称刺细胞动物，过去被称为腔肠动物。如果说到珊瑚虫、海蜇、水螅虫、水母等，你可能早就听说过了。没错，它们就是刺胞动物。刺胞动物是最早出现神经结构的多细胞动物，它们的身体多呈辐射状或两辐射对称。它们没有专门的呼吸和排泄器官，身体由两层细胞围绕胃循环腔组成，并通过口使胃腔与外界相通，所以呼吸与排泄作用可以由体壁细胞直接独立进行。它们是"有口无肛门"的动物，吃东西与排泄都是通过口来进行，听起来好像有点儿……嗯，恶心。

这还不是它们最特别的地方。刺胞动物还有个奇特之处：它们的一生会经历水螅体和水母体两种形态，并且有着无性生殖和有性生殖两种生殖方式，是不是很神奇？以水母为例，水母体通常是雌雄异体，它们在要生宝宝的时候，雄性水母会将精子释放到水中，让雌性水母通过受精形成受精卵。这时的生殖方式是有性生殖。当受精卵发育成幼虫宝宝后，幼虫宝宝会

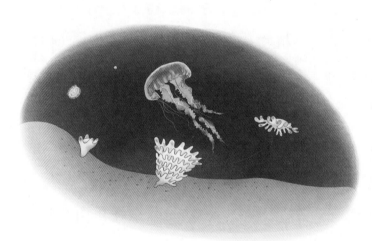

离开母体，游到海底，固定在物体上，发育成水螅体。水螅体又经过出芽的无性生殖方式，分裂成多个碟状幼体，脱离母体后，成长为水母体。

刺胞动物出现之后，到了距今 5.4～5.1 亿年间的寒武纪，棘皮动物出现了。没错，它们就是海星、海胆、海参等。它们的长相可谓千奇百怪，有的长得像五角星，有的长得像刺球，

有的长得像一朵花，有的则长得像一根腌黄瓜。

特别有意思的是，就算名字相同的棘皮动物，它们也有可能会呈现出完全不一样的外形哦！

好玩吧？

棘皮动物都属于后口动物。什么是后口动物呢？后口动物是指胚胎在发育的过程中，原来的口变成了肛门，而在另一端又形成一个新的口。这样的动物，我们就叫它后口动物。

咦，听起来是不是比刚才的刺胞动物要先进一些了？起码口和肛门分开了嘛……嗯，尽管口与肛门是相互交换使用的。不过，这些棘皮动物在无脊椎动物中的进化地位却是相当高的。

为什么这么说呢？因为科学家们认为，后来的脊索动物，以及由脊索动物演化而来的脊椎动物（鱼类、两栖动物、爬行动物、鸟类、哺乳动物，都属于脊椎动物），就是由棘皮动物进化而来的。

棘皮动物有一些性状，与脊索动物相同。比如，两者都有后口、三胚层、两侧对称和分节现象等。科学家们推测，一些棘皮动物在胚胎期发生了变异，体内产生脊索的雏形，这种脊索雏形，使得棘皮动物的宝宝们可以更方便地运动，从而扩大了摄食的范围和增强逃避敌害的能力。同时，有了脊索雏形的棘皮动物，可以到达更远的地方，降低种内竞争，形成了新物种生成的条件。

于是，在自然的选择下，体内有脊索雏形的棘皮动物，形成了新的物种——一种由无脊椎动物到脊椎动物的过渡动物——脊索动物，在海洋里出现了。文昌鱼，就是脊索动物的代表。

文昌鱼其实不是鱼，它们没有真正的头，没有脊椎，也没有眼睛，只有脊索。这种出现在5亿多年前、外形像小鱼的史前动物，至今依然还存在着。

1923年，美国生物学家莱德在我国厦门的海域进行考察时，首次发现了文昌鱼。他看到的这种身体细长、全身半透明、头尾两头尖的家伙，当地渔民叫作"鳄鱼虫"，是厦门的传统名贵特产。鳄鱼虫又叫蛞（kuò）蝓（gú）鱼。

莱德惊喜于发现了这种史前生物的"活化石"，于是在美国《科学》杂志上公布了他的发现。文章引起了国际生物学界的震动，从此"文昌鱼"成了厦门近百年来的生物学名片。

前面说过，文昌鱼不是鱼，而是比鱼类低等的动物，属于古老的脊索动物。早在18世纪以前，这种生物就以名贵食材的方式被人们所认知。1774年，帕拉斯在英国南部海滨采集到一尾标本，当时他将其命名为蛞蝓属，归类为软体动物，这是世界上首次发现文昌鱼。

马来西亚、日本等全球 12 个海洋边岸都出产这种鱼，但产量稀少，被食客视为珍品。

达尔文在研究了这种动物之后，赞叹地说："这真是一个伟大的发现，它提供了揭示脊椎动物起源的钥匙。"因为在当时，古生物学家还未找到无脊椎动物与脊椎动物之间的过渡类型的化石。所以，文昌鱼一经被发现，就受到动物学界重视，被当作是无脊椎动物演化至脊椎动物过渡典型的活标本，是研究包括人类在内的脊椎动物起源与进化的极其珍贵的模式动物。

脊索在动物体内的出现，意义很重大，它构成了支撑我们躯体的主梁。正是有了这个主梁，才使得动物的体重有了更好的受力者，体内脏器得到有力的支持和保护，运动肌肉获得坚强的支点。更重要的是它使我们在运动时，不会由于肌肉的收缩而使躯体缩短或变形。

因而，在环境的变化下，脊索动物获得了新的适应性。

文昌鱼在世界各地的分布数量不多，唯有在我国沿海分布较广。但由于文昌鱼被当作高档食材，人类在文昌鱼产地大肆捕捞并以高价出售，加上栖息环境遭到破坏等原因，文昌鱼的资源量逐年下降，分布区域变得越来越狭窄，如今已成为稀少物种。目前我国已把文昌鱼列为二级保护动物。

2. 我们的祖先是一条鱼吗

　　5亿多年前的寒武纪，地球上的生命又发生了一次重大的飞跃。最早的鱼形动物出现了！

　　它们的样子，有点儿像文昌鱼，身体细长，圆圆的嘴可以帮助它们从水中过滤浮游生物。它们叫海口鱼，看起来毫不起眼，

但是我们每个人都应该在自己的相册里放上一张海口鱼的照片，为什么呢？因为，这个生物就是我们所有人的祖先。

什么？我们的祖先是一条鱼？

是的，从目前来看，我们所能找到的化石中，海口鱼是最古老的脊椎动物，这是包括我们人类在内的脊椎动物的共同祖先。科学家们都把它叫作"天下第一鱼"。

最早发现"天下第一鱼"化石的，是中国的科学家。说起来，还有个有趣的故事。

1991年，我国科学家在云南澄江野外考察的时候，发现了云南虫，这可能是当时最低等的一类后口动物，属于半索动物门。时隔半年，科学家们又发现了比云南虫更靠近脊椎动物的动物——华夏鳗，它是跟文昌鱼相似的已知地球上最古老的低等脊索动物，生活在距今5.3亿年前。

华夏鳗跟文昌鱼一样，它们都不是鱼，没有真正的头，没有眼睛，也没有脊椎。这些发现给了科学家们很大的鼓舞，感觉最古老的脊椎动物，说不定很快就能被发现。

1998 年 12 月，西北大学、中国地质大学教授舒德干完成野外工作，去看望在云南工作的两位朋友。其中一位朋友从抽屉里面拿出一个标本，对他说："舒老师，我这个标本放了一年半时间了，不太熟悉，可能是半索动物——云南虫，您帮忙看看是什么。"

　　舒德干教授将标本放在显微镜下观察。这个标本不是很完整，有部分烂掉了，里面的生物看起来很像是叶片的叶脉结构，这种叶脉结构支撑了生物身体的内部结构：第一副内骨骼！它的肌节是一种类似肌肉的身体结构，前后排列成一行，形成了一个核心的"脊索"——脊椎的原型。这个生物还长着一副从韧带上生成的背鳍、鳃囊等，甚至还有个脑袋，这个脑袋对于它那纤细的身体而言，委实不小。

　　舒德干教授看了不到一分钟，激动得眼睛直发光，手直发抖。他的朋友奇怪地问："舒老师，您怎么了？是不是生病了呀？"

　　舒德干教授欣喜若狂地说："恭喜你呀，你发现了目前世界上最早的鱼，你找到最早的脊椎动物了！"

　　这就是最早发现的海口鱼化石。这是一个非常重要的发现。

　　为什么这么说呢？因为自从整个动物界划分为脊椎动物和无脊椎动物的两百年来，科学家们在亿万年生命演化长河中推断出了各种形形色色的脊椎动物起源假说，然而这些假说彼此冲突，莫衷一是，构成进化科学领域里的一大悬案。它们都在等待真实可靠的早期"源头"化石记录，能够提供直接证据，以便拍板形成定论。海口鱼化石的发现，就起到这样的作用。

舒德干教授赶紧返回西北大学，在标本箱里翻找他们从云南采集来的化石标本。幸运的是在 1999 年 1 月，舒德干教授与他的博士生张兴亮发现了一块保存得更完整的海口鱼化石。

1999 年 11 月，《自然》杂志发表了舒德干等人的这一寒武纪生命大爆发的重大突破性成果，国际学术界为之轰动。这一成果，将已知最古老脊椎动物起源向前推进了 5000 万年！该杂志发表了以"逮住天下第一鱼"为题的专题评论："舒德干等人发现的两条鱼——是学术界期盼已久的早寒武世脊椎动物，填补了寒武纪生命大爆发的重要空缺。"

这两条原始鱼的发现，无疑给破解世纪难题带来了希望。但是，这两条标本鱼的形态解剖学信息相当有限，尤其缺乏脊椎构造和头部构造两方面最关键的信息，致使其进化地位难以盖棺论定。

又过了几年，西北大学早期生命研究所新发现了数百枚海口鱼软躯体构造标本，提供了大量新的重要生物学信息，其中包括头部构造和原始脊椎构造两方面的信息，成为研究脊椎动物关键器官起源演化的可靠证据。

现在，我们可以从海口鱼的身上得知，这种鱼已经开始有头了，它的头是后来所有动物的头的起点。我们的智慧正是从它这儿开始的。它有眼睛，有眼睛就一定有脑，因为眼睛是脑的外延。这两只眼睛非常不容易，它们是最早出现的眼睛，能够帮助海口鱼找到食物，也能帮助海口鱼在看见敌人时很快地溜掉。

最重要的，就是它们的脊椎不同寻常。它们的脊椎骨是一个棒状的、等距离的软骨，像算盘珠一样，是低等脊索和高等脊椎的混合体。这就是达尔文最期待的过渡类型，就跟始祖鸟一样，解决了重大门类之间的过渡问题。

在海口鱼身上，我们还知道，它还没有发育出真正的软骨型头颅，因此，在这方面它不及现生最低等的脊椎动物进步。但是从脊椎骨的发育程度上看，海口鱼似乎又比现生最低等的脊椎动物更为脊椎动物化。显然，这一已知最古老的脊椎动物独特的构造特征，很可能恰好代表着进化科学界期盼已久的由无头类进化到有头类的关键环节。

现在，我们可以确切地说，从鱼类开始，我们才有了脊椎，使我们的直系祖宗哺乳动物以及旁系亲属两栖动物、爬行动物、鸟类等脊椎动物走得更远，在地球广阔的陆地和海洋，占据更大的生存空间。

3. 两栖动物的直系祖先——肺鱼

最早的两栖动物，出现在什么时候呢？

3亿多年前的古生代泥盆纪晚期，出现了鱼石螈和棘鱼石螈。它们拥有较多鱼类的特征，如依然保留有尾鳍，并且未

能很好地适应陆地的生活。由于它们既有能在水中呼吸的器官——鳃，又具有可以直接进行大气呼吸的肺和鼻孔，能够适应当时特定的环境，因而生存了下来。

鱼石螈和棘鱼石螈代表了鱼类和两栖动物之间的过渡类型。但是，这两种动物只是两栖动物早期进化的一个旁支，并不是两栖动物的祖先类型。

两栖动物的祖先，也就是四脚动物的祖先，过去认为是总鳍鱼类。中国科学家张弥曼发现，一种没有内鼻孔的原始肺鱼——杨氏鱼才是所有两栖动物，也是所有四脚动物的祖先。张弥曼在2018年3月被联合国教科文组织授予"世界杰出女科学家奖"。

海口鱼出现之后，又过了1亿多年，我们更近的祖先——肺鱼出现了。

4亿年前，由于地壳强烈运动，陆地大量上升，气候发生了很大变化，地面上出现了干旱现象。同时，大量树木的枯枝败叶落入水中腐烂，造成水中严重缺氧，鱼类大量死亡。这时，只有一种发生了变异、有特殊器官的鱼类——肺鱼，生存了下来。

肺鱼，是一类和腔棘鱼类相近的淡水鱼，被誉为鱼类中"活化石"。在远古时期，肺鱼曾经属于海洋鱼类，到泥盆纪中后期，开始向陆地进军，进入到淡水环境中，并最终进化成为淡水鱼。

肺鱼最早的代表，是泥盆纪中期的双鳍鱼，到石炭纪大量繁殖，种群数量达到最高峰。但因环境变化，只有极少数的代表在非洲、大洋洲和南美洲的赤道地区幸存下来，目前也仅有澳洲肺鱼、美洲肺鱼和非洲肺鱼三种。

俗话说，鱼儿离不开水，只有肺鱼是个例外。

肺鱼的身体具有两栖动物的一些特点。肺鱼的鳔非常发达，长度几乎与整条鱼的体腔一样长。鳔内中央腔的侧壁形成许多

大小不等的小气室，也就是肺泡，各小气室又复分为许多小气囊（肺小泡），短的鳔管与食道相通，可以在缺氧的时候，用鳔吸收氧气并排出二氧化碳，整个构造与陆生动物的肺十分相近，所以被称为"肺鱼"。

肺鱼的神奇之处，就在于它们能离开水，爬到岸上的泥土中生活。

哈哈，很神奇吧？

对于绝大多数鱼类来说，鳔的作用主要是上浮或下沉，增强躯体平衡性，呼吸则由鳃来完成。而肺鱼的特点，就在于它在水中是通过鳃呼吸，在陆地上却能通过类似于肺的鳔呼吸。所以肺鱼的鳔，也被称为"原始肺"。而肺鱼心脏的心房和心室是部分分开的，差不多形成了两心房两心室的结构（普通的鱼只有一心房一心室），能够将脱氧血与含氧血分离输送到不同的身体部位，发展出了适应鳃呼吸与肺呼吸的两种方式，就好像原始的两栖动物一样。

在干旱的环境里，若仅仅以"肺"呼吸空气，还不足以让肺鱼度过漫长的旱季。在干旱来临之前，肺鱼体内会积存许多脂肪，体腔中也会储存大量的水，待干旱来临，河水逐渐干涸，肺鱼就会在淤泥中钻一个 20 厘米深的洞，将身体团成一个球，用自身分泌物加泥土做成坚硬的茧壳，把躯体包裹起来以减少水分流失。

肺鱼还有"夏眠"的习性，就像有的动物冬眠那样，呼呼大睡。干旱来临时，它们藏在淤泥中，会在靠近嘴巴的附近留出一个连通地面的小孔作为通风口，通过鳔呼吸，可以不吃不喝，休眠 3～5 年时间，等待下一个雨季到来。"夏眠"的肺鱼，代谢率降低到 1/60，以体内积蓄的脂肪维持生存。雨季到来时，昏睡的肺鱼就会从泥壳中脱离，经过雨水滋润，几个小时就能恢复常态，在水中正常地游泳和捕食。

据说，在非洲一些严重干旱的地区，河水枯竭，当地的农民无法从河里取到现成的饮用水，便会从干涸的河床里挖出几条肺鱼对准自己的嘴巴，然后用力猛地挤上一挤，肺鱼体内储存的水便会全部流进他们的口中，饥渴便得以缓解。由此可见，肺鱼的储水能力非同一般。

肺鱼的本领还不止这些。它们除了能在泥土里生活，还有一个令人感到惊奇的习性，就是把卵产在泥巢里。肺鱼会用身体掘出一个长约 1 米的小隧道，雌鱼把卵排出后，由雄鱼把守，此时雄肺鱼的腹鳍会长出许多富有微血管的细长的丝状突起，血液中的氧气通过这些丝状突起被释放到水中，以帮助卵子的正常发育。

正是由于肺鱼具有这些特殊的本领，才让它们能在环境变化时得以生存下来。现存的蝾螈、大鲵（娃娃鱼）、蟾蜍、青蛙、林蛙、树蛙等 8000 多种两栖动物以及我们人类，都起源于这一个共同的祖先——约 4 亿年前的肺鱼。

4. 哺乳动物的直系祖先
——始祖兽

1亿多年前，我们的哺乳动物直系始祖，一种体小如鼠的原始哺乳类动物出现了。这种原始的哺乳动物，被命名为"始祖兽"。

2002年，中美科学家在中国辽宁发现了迄今世界上最古老的有胎盘类哺乳动物始祖兽的化石。始祖兽很可能是包括人在内的胎生哺乳动物1.3亿年前的祖先或近亲。这一新发现，比原先认为最古老的有胎盘类哺乳动物化石——发现于西伯利亚的零散的动物牙齿，向前推进了至少1.5亿年。

始祖兽是一种已经灭绝的哺乳动物。被发现的始祖兽化石标本，体长约10厘米，估计重量为20～25克。这个化石完好地保存了1亿多年，虽然头颅骨被长期压在地下，有点儿扁，但它的牙齿、脚骨、软骨及其毛皮都可以看见。

我们的这位老祖宗，体形相当于一只大老鼠。据化石的外观推测，当时这个小家伙可能在翼手龙飞过时爬上了树枝。伸长的足趾表明它善于攀缘，以食虫为生。研究者说，这是迄今为止所知的，包括人类在内的哺乳类家族中最早的成员。

我们从哪里来

五、我们来自非洲 "夏娃" 吗

1. 最早的人类是何时出现的

最早的人类，出现在什么时候呢？

生命女神，麻烦你能不能看一下订单，我们都等了很久了！

什么？你才创造出了鱼类和始祖兽？

差评！

其实，我们可能误会生命女神了，生命的进化得有个过程，不是说变就能变出来的。

自从 1859 年达尔文发表了《物种起源》一书，阐释生物进化的规律，提出了人是由古猿进化而来的学说以来，经过科学家们一百多年的努力，找到了一些人从猿进化而来的化石证据。但是这些证据数量太少，缺环太多，显得很不够。

根据进化论，我们人类的始祖，应该是由一种接近人类但又较人类低等的灵长类哺乳动物进化而来，这种灵长类动物被称为"古猿"。也就是说，我们人类和现在的猿猴有着共同的祖先——古猿，它们后来分为两支向前进化，一支进化为类人猿，如大猩猩、黑猩猩等；另一支进化为人类。

科学家们循着这个思路去追寻，终于在印度、巴基斯坦的西瓦利克山发现了进化为人类的那支古猿化石，并用印度史诗中的一个英雄王子的名字为其命名，称为"拉玛猿"。

拉玛猿生活在距今大约 1500 万年前至 1000 万年前。它们身高 1 米左右，能够直立活动，还会利用天然工具取食与御敌。它们是从猿进化到人过程中的早期代表，20 世纪 60 年代，考古学家在匈牙利发现的鲁达古猿，也属于拉玛猿。

1975 年，在我国云南省禄丰县的石灰坝煤窑中，发现了一个相当完整的拉玛猿类型下颌骨化石，这是世界上已发现的同类标本中最完整、最接近于人类早期祖先的化石，时间距今是 1000 多万年前。禄丰古猿有着与黑猩猩一样大小的身体，它们的犬齿不发达，缺乏一般猿类常用的"武器"。但是，它们具有比其他动物略高一等的智力，加上经常在开阔的地面上活动，促使它们进一步手足分工，能用手

113

抓握树枝或别的自然物进行防御和取食。它们的手已经分化出来，两条腿也能直立行走了。

拉玛猿虽然能直立行走，会利用天然工具，但它们还不能制造工具，不是真正意义上的人，所以被称为"前人类"。

那么，最早的人类出现在什么时候呢？

1924年，澳大利亚的解剖学教授达特前往南非的一所大学任教。他对化石非常感兴趣，所以经常鼓励学生们在课余时间去寻找化石。他还叮嘱当地采石场的场主说，如果发现了化石一定要告诉他。

后来，采石场的场主真的给达特教授送来了两箱化石。达特教授在里面找到了一个小孩的不完整的头骨。因为这个头骨发现于汤恩附近的采石场，因此它被命名为"汤恩男孩"。

达特教授对"汤恩男孩"的头骨进行研究后，认为化石所属个体是与现代人最相近的猿类。由于化石发现于非洲南部，所以"汤恩男孩"所属的物种被命名为南方古猿非洲种。根据牙齿情况，达特教授推断，"汤恩男孩"大概生活在200万年前，可能是在7岁左右死亡的。

从"汤恩男孩"

达特

的形体上看，他和猿类有一些相似的特征，比如脑袋很小，嘴巴向前突出。但他也有一些人的特征，嘴巴较之于猿类已经不那么突出，研磨食物的臼齿咬合面平整，齿尖不发达，犬齿小。

更让人惊喜的是，"汤恩男孩"的枕骨大孔的位置，已经接近于头骨底部中央。根据这个可以推测，这个小家伙已经能够直立行走。

这是最早发现的南方古猿化石。然而遗憾的是，虽然达特教授认为"汤恩男孩"属于人类，但当时的人们却不愿意承认自己的祖先是古猿。是的，谁愿意承认自己的祖先是只猴子呢？而且由于种族歧视，人们也不愿意承认人类发源于非洲这块贫瘠的土地。

所以在当时，"汤恩男孩"在人类进化上的地位并没有获得承认。

后来，又有一些学者在南非开始探寻的工作。这些学者先后在南非的斯特克方坦、马卡潘斯盖特、克罗姆德莱、斯瓦特克朗等地共发现了数百件南方古猿化石标本，逐步确立了南方古猿作为早期人类祖先的地位。

20世纪50年代后期，在非洲寻找人类化石的活动逐渐转移到东非的埃塞俄比亚、肯尼亚和坦桑尼亚地区。东非大裂谷的地表是一系列的峡谷和湖泊，有几百万年以来火山喷发形成的火山沉积，因此埋藏在地层中的化石可以被准确测定出年代。从60年代开始，在埃塞俄比亚的哈达尔地区，发现了大量的南方古猿化石，其中包括从约 350 万年到 150 万年前的人科化石。

1973 年秋天，由多国科学家组成的国际阿法尔科学考察队，来到位于号称"非洲屋脊"的埃塞俄比亚哈达尔地区，调查有关人类起源的化石和文物。

这年 11 月，在第一轮实地考察接近尾声时，美国古人类学家唐纳德·约翰森教授首先发现了一前端被略微切开的胫骨上段化石，随后又在附近发现了股骨下端化石。通过将两段化石进行拼接，膝关节所成的独特角度表明该化石属于直立行走的原始人类。通过测定得知，该化石年龄超过 300 万年，远大于当时已知的任何一个早期人类标本，这让考察队激动不已。

这一重大发现，促使科考队在来年又展开了新一轮的实地考察。

历时近一年后，1974 年 11 月 24 日上午，约翰森教授与来自美国加州大学伯克利分校的古人类学家蒂姆·怀特，一起在阿瓦什河边的干旱平原上搜索了近两个小时，最后却一无所获。随着天气越来越热，科考队决定返回营地。但就在上车前，心有不甘的约翰森与怀特，决定再到一个已经被其他队员搜索过的沟壑底部去碰碰运气。

一开始，他们并未在沟壑中发现任何明显的化石痕迹。然而，就在他们决定离开时，约翰森教授突然发现沟壑的斜坡上，有一块肱骨的化石碎片。紧接着，他们又发现了一片颅骨化石碎片。随后，两人在一米外又发现了股骨。

在同一地点，有如此多的早期人类化石，这让他们俩激动不已。他们做好了标记，随后匆匆返回营地。

当天下午，科考队全体成员来到该沟壑，对发现地进行发掘采集。最终化石采集工作历经三周顺利完成，科学家找到的化石样本占到完整骨骼的 40%。

在某天晚上的庆功宴上，有人播放了甲壳虫乐队的新歌《露西与漫天钻石》，因此约翰森教授将这具骨骼化石命名为"露西"（Lucy）。随后测定得知，露西生活在距今 340 万年以前，这是截至当时发现的最古老、且保存最为完整的早期人类化石。

露西的发现，是世界古人类史的里程碑，被认为是"人类祖母"。露西的后代通过直立行走，逐渐将双手腾出用于制造工具，最终踏上了向现代人类进化的道路。

因此，时至今日，露西仍然是我们最著名的祖先之一。

在发现露西之后的 1976 年，坦桑尼亚的莱托莉地区又发现了一组凝结于火山灰中的人类足迹。这组人类足迹相当完好，对其进行的年代测定显示，它们形成于 370 万年之前。通过对足弓形态和步态的研究分析，可以认定足迹是直立行走时留下的。因此，这也是人类最早的足迹。

露西的发现者约翰森教授对露西骨骼化石和莱托莉足迹化石进行对比研究后认为，两个地点的标本非常相似，都能完全两足直立行走，都拥有较小的大脑以及大的犬齿，所以应该归于一个新种——南方古猿阿法种。

科学家认为，阿法种的一些性状介于猿和人之间，明显在向人的方向转变，最终其中一支发展成能人，再到直立人和智人。这种起源于东非的灵长类动物身材娇小，露西完全站立时身高仅 1.07 米，体重 27 千克，大脑体积小，但其四肢和盆骨表明其有双足，可直立行走，也会爬树。

而双足行走，正是人类及其祖先的一个关键特征。

当然，人类的祖先露西也并不孤独。近年新发现的足骨化石表明，在露西所属南方古猿阿法种生活的年代，不止一种人类祖先在非洲大陆上直立行走。这些化石距离露西的发现地仅仅有45千米，但研究人员可以确定，化石所属物种并不属于露西所属的南方古猿阿法种。这表明，在340万年前，至少有两种不同的人族曾以不同的方式直立行走。这些南方古猿有的身体粗壮，脑子比较大；有的身体比较矮，脑子比较小；有的有比较明显的类人猿特征；有的明显属于人的类型。但是，它们有着共同的特点，即都已能直立行走，使用天然工具，离开森林，活动于开阔地带。

南方古猿处于从猿向人的转变过程中，它们失去了一些猿的特征，比如尖锐的牙齿和锐利的爪子，同时，它们的生活环境也发生了改变，从树栖的丛林来到了广阔地面。在那个时候，与其他凶猛的动物相比，南方古猿处于弱势，因为它们没有其他动物的利爪和尖锐的牙齿，两足跑动起来又非常慢。所以，

有科学家推测，南方古猿可能已经能够制造工具来应对复杂的环境。不过遗憾的是，南方古猿太小的脑容量，又推翻了科学家的这个推测。

所以在那个时代，南方古猿的生存是非常艰难的。它们没有能力去追捕凶猛的动物，反而一不小心很可能就成了这些凶猛动物的美食。

2001年7月18日晚，由法国古生物学家米歇尔·布鲁内率领一支法国-乍得联合考古队的4名成员，冒着五十多摄氏度的高温在非洲中部的沙漠中奔走多日后，在一个沙丘下搭起帐篷休息。第二天凌晨，两位考古队员走出帐篷，欣赏着沙丘上空的月亮。他们突然看到沙丘上有好多黑乎乎的"石块"，

米歇尔·布鲁内

捡起来一看，不禁欢呼了起来——这不正是他们朝思暮想的化石吗？

考古队员们将一大堆化石带回辨认，发现其中有一块头盖骨化石，还有三颗牙齿、两块颌骨化石。布鲁内教授将化石复制品带到美国、肯尼亚、埃塞俄比亚等国的研究所，同那里的化石做比较。经过几个月的研究，确认它为700万年前的南方古猿，将它命名为"萨赫勒乍得人"，并起了个别名叫"图迈"。在非洲乍得的戈兰语中，"图迈"的意思是"生活的希望"。

2002年7月，法国－乍得联合考古队举行新闻发布会，宣布了该发现。《自然》杂志发表了考古队的报告，称"图迈"是人类的第一个始祖。

至此，科学家们将南方古猿的出现，人与猿"分手"的时间，定格在距今700万年前。

如何判定"图迈"是人类的第一个始祖，是人与猿分手时的证据呢？

布鲁内教授认为，虽然"图迈"的头颅比较小，仅在320至380立方厘米之间，接近黑猩猩，但是仍然比20世纪非洲发现的头盖骨大；其眉弓突起较高，下颌突起不明显，脸部比较平，这些特征接近原始人。另外，"图迈"的牙齿比较小，其形状及磨损情况与人类相似。只可惜的是，当时还缺少"图迈"能站立行走的证据，而这是现代科学家区分人与猿的基本标志。

法国科学家对"图迈"进行了更加深入的研究，2008年3

月，他们在美国《国家科学院学报》上宣布，"图迈"生活的年代定格在距今 720 万年到 680 万年前。同年，法国科学家用电脑三维技术分析了"图迈"的头骨结构，结果表明，它与大猩猩和黑猩猩的头骨有着明显的区别。并且，分析也显示"图迈"能够直立行走，而这一点是其他灵长类动物很难做到的。虽然科学界对"图迈"是否是人还有些质疑，但是，人与猿分手、人科动物出现的时间，基本上已尘埃落定。

美国历史学者大卫·克里斯蒂安在其一部近年来比较畅销的著作《极简人类史》中，也把人猿分手的时间定格为距今 700 万年前。

克里斯蒂安在书中写道："到了距今约 700 万年前，在非洲某个地方，一些猿类开始用双脚站立。"

不过，这种只能直立行走而不能制造和使用工具的古猿，虽然有了人类的一些特征，但是还不能算是真正的人，有的科学家将它们称为"前人"。

2. 从"能人""直立人"到"智人"

现在你是不是和萌爷爷一样，已经对人类的演化历程越来越清晰了？我们已经知道，古猿转变为人类始祖南方古猿的时间大概在 700 万年之前。接下来，既能直立行走，又能制造和使用工具的真正意义上的人，马上就要出现喽！

你是不是很兴奋？

最先发现人科动物化石的，是英国史前考古学和人类学家路易斯·利基和他的妻子玛丽。

1959 年 7 月 17 日，路易斯夫妇在坦桑尼亚的一个峡谷中，发现了一个粗壮型南方古猿近乎完整的头骨和一根小腿骨。头骨特别粗壮，牙床上带有硕大的臼齿。路易斯夫妇将这个头骨所属个体的种命名为"鲍氏东非人"，后又改为"南方古猿鲍氏种"。经测定，"东非人"大概生活在 175 万年前。

123

而就在这次发掘中，路易斯夫妇还发现了石器和灭绝动物的被打碎的骨片。这表明，"东非人"已能够制造石器，又能够狩猎动物。

　　后来，在同一地点，路易斯夫妇又发现了一些更多的人类头骨化石。这是一种比"东非人"更进步的人，其脑容量比"东非人"几乎大出50%，头骨的形状更为进步，牙齿比"东非人"小，生活于178万年前。根据达特教授的建议，路易斯夫妇将其命名为"能人"。

　　为什么叫"能人"呢？

　　"能人"的意思，就是"手巧的人"或"有技能的人"。他们被看作是人科动物的第一个早期成员。

　　"东非人"和东非"能人"的发现，也是两种类型的人科成员同时生活于同一地区的最早证据。

　　此后，在埃塞俄比亚和肯尼亚，又发现了一批"能人"化石。1972年，科学家在肯尼亚鲁道夫湖发现能直立行走的人类化石，作为人属的一个新种，叫"鲁道夫人"。

　　"鲁道夫人"是广义的能人。可以确认，"鲁道夫人"是一个独立的古人种。

　　1974年，科学家在东非还发现了生存于180万年至130万年前的东非及南部非洲的"匠人"。

　　"匠人"个子很高，站立时估计高达1.9米。他们具有较薄的头颅骨骨头，且没有明显的沟。衍生的特征包括减少了

的两性异形、较细小及正颌的面部、较细小的齿弓及较大的颅腔（约有700～850立方厘米）。

匠人遗骸在坦桑尼亚、埃塞俄比亚、肯尼亚及南非都有发现。最完整的匠人骨骼，于1984年在肯尼亚的图尔卡纳湖发现。匠人在非洲保持了50万年的稳定，之后化石记录显示他们于130万年前消失。至于他们的消失，现在科学家们还没有找到确切的原因。

"能人"通常被认为是人科动物的祖先，也是"匠人"的直接祖先，但在这一点上，目前也有分歧。"能人"与"匠人"一同存在了20万年到30万年，这或许意味着，他们来自一个共同的祖先。

"匠人"对于后期人族的遗传学影响也无法确定。现今的遗传学研究基本证实了单地起源说，这也许就意味着，"匠人"是所有后期人族物种的祖先。

1890年到1892年，在印度尼西亚爪哇发现了猿人的下颌骨、头盖骨和腿骨，发现者将其定名为"直立猿人"或"原人直立种"。他们是生活在距今180万年到20万年前的非洲、欧洲和亚洲的古人类。

1929年，在北京市周口店发现了猿人化石，定名为"北京的中国猿人"或"中国猿人北京种",俗称"北京人"。以后非洲和欧洲都发现有猿人化石,其形态基本相似。因而,国际人类学界一致同意把各地发现的猿人化石定名为"直立人"。

中国境内的"直立人",主要有元谋人、蓝田人、北京人、和县人、郧县人、沂源人、庙后山人、汤山人等。

最新的研究认为,"直立人"并非现代人类的直系祖先,他们被后来崛起的"智人"(现代人)走出非洲后灭绝或在此之前就灭绝了。

灭绝的最后时间,大约在20万年前,那时正是"智人"出现的时间。

同样,生活在50万年前的"北京人",也并非我们的祖先。

"直立人"中的"海德堡人",被有的学者认为是"智人"的祖先。1907年10月,德国海德堡发现一块人类下颌骨化石,被称为"海德堡人",他们大约生活在60万年到10万年前。

有证据表明,"海德堡人"能用语言简单交流,有群体合作互动。他们身材高大,身体强健,能使用矛和弓箭,还能合作猎杀大型动物。

后来,可能是因为气候等原因,"海德堡人"分成两支,一支是欧洲海德堡人,一支是非洲海德堡人。在冰期时,被隔离在欧洲的海德堡人,演化成了适应寒冷生活的尼安德特人;而非洲海德堡人在20万年前演化出了"智人"(或称现代人)。"智人"从非洲走出,尼安德特人由于"智人"的到来而灭绝。

"海德堡人"的历史，到此时彻底结束了。

这说明，在南方古猿进化之后的人科动物阶段，至少有"东非人""直立人""能人"及"匠人"四个人种同时生活在地球上。但最终，只有"智人"幸存。

现在的人类，属于晚期智人。

人科动物化石年代最久远的，是美国科学家在埃塞俄比亚阿法尔州发现的带着 5 颗完整牙齿的不完整下颌骨。这块 2013 年出土的下颌骨化石，可追溯至 280 万年到 275 万年前。其牙齿与下巴的形状，更像人科动物，而不是同时期或更古老的南方古猿。这说明，它应该属于人科动物。

因此，我们把人科动物起源的时间，定格在 280 万年前。

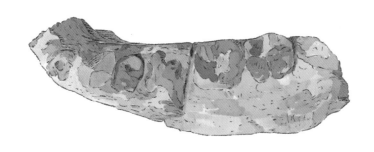

3．古人类的三次大迁徙

谢天谢地，大约280万年前，生命女神终于完成了人类订单，创造出了我们真正的祖先——人科动物。

好吧，生命女神，辛苦了，给你点赞。

这些人科动物，他们身材高大，身体强健，能够直立行走，也能使用矛和弓箭，还能用语言简单交流，有着群体合作互动，可以一起合作猎杀大型动物。尽管他们的嘴巴还比较突出，身上还长满长毛，还不太会说话，但是他们至少看起来有点儿人模人样了。

这个时候，生命女神还不能确定到底哪种人能走到最后，所以她不断地尝试，创造了很多种不同人类的版本。目前我们知道的，在当时古老的地球大陆上至少就有"东非人""直立人""能人"和"匠人"四个人种同时生活着。

这些人种，都经历过从非洲中部不断向外扩大生存空间，向全球迁徙的过程。一般认为，这些古人类曾经有过三次比较大的"走出非洲"迁徙活动。

第一次大迁徙，大约在200万年到190万年前，古人类走出非洲，迁移到欧亚大陆。

第二次大迁徙，大约在 84 万年到 42 万年前。

第三次大迁徙，大约在距今 15 万年到 5 万年前，人类再次走出非洲。

第三次走出非洲的，是 20 万年前在非洲诞生的"智人"（现代人类）。这支现代人类的祖先脑容量大，具有丰富的想象力、创造力。他们在迁徙过程中，清除了一切智慧较低的古人类，独霸了世界，使人类只剩下一科一种。

萌爷爷说的人类三次大迁徙，不是凭空想象的产物，而是考古学家的研究成果。

1995 年，美国生物学家坦普莱顿利用 DNA 分析方法，分析了全球各地人口的 DNA 序列。结果发现，人类大约在 84 万年到 42 万年前曾走出非洲，之后，又于 15 万年到 8 万年前再次大规模向外迁徙。

2005 年，坦普莱顿将研究的区域从 10 个扩大到 25 个，结果发现在上述两次迁徙外，在约 200 万年到 190 万年前，人类就已经有了"走出非洲"的经历，可以说是最早的一次。

坦普莱顿认为，人类走出非洲的这一时间框架，正好与化石记录相吻合，因为目前所挖掘出的"直立人"，就是在那时由非洲向外扩展的。

那么，古人类为什么会三次大规模"走出非洲"呢？

萌爷爷认为，这可能与当时的气候有关。古气候数据显示，古代非洲东部有丰富的降水，今日的撒哈拉沙漠在当时是稀疏草原。我们人类的始祖在非洲中部的乍得诞生后，逐步向水草丰茂、食物容易获得的东非迁徙。

东非毗邻亚非欧接合部，亚非欧三洲在地中海东南地区（现今的西奈地区）相邻相通。当时正值第四纪冰期，海面下降，直布罗陀海峡可能形成浅水地势，这让人类的祖先能够在非洲与欧洲之间来来往往。

4. 现代人的始祖是非洲"夏娃"吗

人科动物出现了，但我们还不能确定，现代人类的祖先出现在什么时候。

因为，最初出现的人科动物，脑容量只有300多毫升，而具有高度智慧的现代人类，平均脑容量达到1350毫升，两者差距甚远。尽管科学家陆续发现了一些脑容量较大的人类化石，比如生活在50万年前的"北京人"，平均脑容量为1075毫升，但这仍然不能与现代人同日而语。

现代人的祖先，到底是在什么时候出现的呢？

美国生物学家首先给出了答案。20世纪八九十年代，一批用最新科技成果研究人类始祖和起源的科学家，对现代人类起源的时间得出了与以往传统观念迥然不同的概念，向科学界投下了一枚重磅炸弹。

1987年，《科学美国人》杂志发表了美国艾伦·威尔逊教授的文章。威尔逊教授研究了母系遗传的人类线粒体DNA后，认为今天的整个人类都可以沿着遗传母系，追溯到大约20万年前在非洲大陆生活的一个女人。

威尔逊教授说："整个人类，都是一个名叫'夏娃'的非洲女人的后裔。"

接着，又有科学家调查研究了祖先分别来自非洲、欧洲、中东、亚洲、澳洲的 147 名妇女，分析她们生产时胎盘细胞中的线粒体 DNA，追本溯源，最后聚焦到一个共同的祖先。这个祖先于 20 万年前，生活在今天非洲的撒哈拉地区，后来她的后代才分散到了世界各地。

美国林达·比兰吉博士，也调查分析了来自世界各地 189 名妇女的线粒体 DNA 碱基排列，然后与黑猩猩的线粒体 DNA 的碱基排列进行了比较，做出分子进化树图。结果也显示，现代人类的始祖，是生活在 24.9 万年到 16.6 万年前的一个非洲女人。

这几个研究结论，竟是如此吻合！

看来，生活在约 20 万年前的非洲"夏娃"，是现代人类始祖，这是毋庸置疑的了。

照此推测，如果以平均约 20 年一代计的话，那我们则是"智人"的万代孙。

有趣的是，美国人是从"夏娃"入手寻找现代人的祖先的，而我国的金力教授，则从"亚当"入手，去追踪现代人的始祖。

2001 年，上海复旦大学金力教授和他的学生柯越海，改变以母系线粒体 DNA 为材料的研究方法，从父系的 Y 染色体对现代人的始祖进行探索。他们的研究小组对主要以华人为主的东亚人群进行了大规模的遗传分析，进到了 Y 染色体的世界。它们一代代地由父子相传，而且"性格"稳定，一般在几十代之后才会有一到两个基因位点发生变化。这些遗传突变位点的结构就像一棵大树，这棵"基因树"记录了人类在不同时间向地球不同地点散布的路径。

柯越海等人共分析了 12127 个男性个体，绘出了"分子进

柯越海

化树"。结果发现，中国人 Y 染色体 DNA 的各种类型，追根溯源都汇聚到一根叫"M168 突变"的树根上。

而这个"M168"，就是非洲人体内的突变位点。

也就是说，华人占大多数的东亚人群，与生活在东非的非洲人有关。

由此，就可以断定，我们华人也是起源于非洲的。

金力教授和他领导的团队应用科学、准确、简捷的 DNA 测序技术，解决了困惑中国历史学者、民族学者、考古学者上千年的诸多疑难问题。

我们从哪里来

六、我们的"基因树"

1. 走出非洲的人类
鼻祖：M168

　　你知道为什么我们把最古老的祖宗叫鼻祖吗？鼻，鼻子也，如果你立正站着，你就会发现鼻子在我们整个身体的最前端。这就是我们把最古老的祖宗叫作"鼻祖"的原因。

　　你想知道不同肤色人种的鼻祖都是谁吗？现在请跟着萌爷爷一起去寻根吧。

寻根，过去主要靠的是化石证据，而到了现代，随着分子生物学的发展，已能为我们提供更加精准的人类源流证据。

我们知道，人的血型有一个很大特点，就是终身不变，并且能遗传。父母会各自遗传一种基因给我们，我们的血型里就包含着这些基因。人类基因组主要分成 23 段，每一段构成一种染色体，其中 22 种是常染色体，还有一种是性染色体。每种常染色体在每个人体内都有一对，其中一条来自母亲，另一条来自父亲，但在传给后代时，父母的染色体会打断而后重新拼接，即重组。

所以，我们每个人的血型既受之于父母，但又不同于父母，通过验血型可以初步判断父母与子女间的血缘关系，但更准确的则需要做 DNA 亲子鉴定。人类的这种血缘关系源远流长，早在人类祖先从猿人分化出来时，一种叫 Gm 血型的因子就已形成，它代代相传延续至今。

嗯，你一定猜到了，没错，在我们的血型里，不仅有父母的标记，而且还有老祖宗的标记。

科学家们就是采集了大量的现代人类基因，把基因的碱基进行排列，绘出了一幅"分子进化图"。然后科学家们又把人类的基因与相近动物的基因进行比较，渐渐找到了人类谱系的"根"的方向，发现黑猩猩与人类最为接近，必然是人类最古老的形态。结果发现，所有最早演化出来的基因形态都保存在非洲，而非洲之外的人类的基因形态只是较晚（大约 12 万年前）

发生的一小支。这说明现代人最早（大约 15 万年前）的演化过程发生在非洲，直到大约 12 万年前，才有一小部分人走出非洲，向全世界扩散。

由此而得到的人类谱系很像是一棵树，我们称之为"基因树"，它记录了人类在不同时间里向地球不同地点散布的路径。

有了这棵"基因树"，萌爷爷就可以带你一起追根溯源，找到我们的祖先了。同时，我们还可以看到，不同肤色的人种是怎样演化的。

一般认为，人类分白种人、黄种人和黑种人三类，现代人类学则把人类分为白种人、黄种人、黑种人和棕种人四大类。纯血的棕种人现在虽然很少，但却是最初从非洲走向全球的人种，一度人数很多，现在棕种人的基因也大量混合在白种人、黄种人占据的地区，是不容忽视的人种。

现代智人在非洲诞生以后，大部分留在非洲，留在非洲的原住民有两支，是现代黑种人的始祖，一支代号为 M91，另一支代号为 M60。

经过 20 万年的演化，黑种人分化出 A、B、R、E 型。A 型黑种人是东非－南非基因，B 型黑种人是中非基因，中非还有 R 基因，E 型黑种人是东非－北非基因。

这些黑种人的基因，离走出非洲演化成的其他民族的亲缘关系很远，走出非洲的各种人中，基本上找不到现在非洲黑种人的标志基因。

通过"基因树"，我们可以看到，现在从非洲走出的白种人、黄种人、棕种人，不管是什么肤色，都带着"M168"这个共同的基因。

而这个"M168"，是非洲人体内的突变位点。这可以充分证明，不管是黄种人、白种人、黑种人，还是棕种人，都来自一个共同的祖先，这个祖先来自大约 15 万年前的非洲。

15 万年前，现代人类的祖先在非洲诞生以后，全球范围内

还有许多种人科动物。这些 700 万年前诞生的人科动物，通过不断发生突变，又形成了许多种人科动物。这些人科动物，不断向全球迁徙，特别是 200 余万年前的大迁徙，布满欧、亚大陆。只是在后来具有更高智慧的 M168 现代人类向全球迁徙的过程中，许多种人科动物因生存竞争失败而灭绝，仅剩下 M168 这一支。

在中国大地上发现的古人类，包括著名的巫山人、元谋人和北京人，他们都不是现代中国人的直系祖先，而且在大约 10 万年前就灭绝了。

在之后的几万年冰河时期，东亚大地寒冷而寂寞。直到 4 万多年前，走出非洲的 M168 现代人类重新发现了东亚大地，才在这里繁衍生息，最后繁衍出了我们。

2. 棕色人种的鼻祖：
C-M130 和 D-YAP

好了，我们再次回到"基因树"上，看看接下来人类基因图谱是怎样分化的。

在"基因树"上，我们可以看到，现代人类的鼻祖 M168 后来演化出了三个分支：C-M130、D-YAP、F-M89。

C-M130 和 D-YAP 都是棕种人，大约在 10 万年前率先走出非洲，走向全球。

棕色人种又称大洋洲人种，主要特征是皮肤为棕色或巧克力色，头发黑色呈小波浪状，且较为粗糙；鼻子比较高，嘴唇比较薄，头型通常为长颅型。他们的衣物，一般是用稻草编织而成。在他们建筑物的周围，一般会采用石雕来做装饰，海岛文明比较显著。

这些拥有 C、D 基因的棕种人，10 万年前走出非洲后，一直沿着海岸线走，从阿拉伯半岛经伊朗、印度，抵达中南半岛。此后，他们的子孙分为几个支系，其中一个支系向北进入西伯利亚，并最终进入了北美地区；另一个支系向南进入澳大利亚，并扩散到整个太平洋诸岛。

就在这两支棕种人遍布全球之后，黄种人也走出了非洲，并循着棕种人的足迹，来到他们所到的几乎一切地方。由于黄种人已进入新石器时代，比处于旧石器时代的棕种人有着更先进的工具和武器，加上黄种人掌握了先进的农耕技术，人口数量开始爆增，与棕种人争夺生存空间。相对落后的棕种人，在争夺平原地区和温带地区的斗争中连连失败，黄色人种迅速取代了棕色人种。

　　纯血的棕种人被排挤到澳大利亚、新西兰以及南太平洋的岛屿上。由于这个过程时间特别短，两种人种甚至没发生融合，所以，在这些平原地区几乎找不到棕色人种基因。

但是，在高寒地区、高海拔高原山地、边缘海岛，由于气温低、氧气稀薄，无法种植农作物，或者因为大海的阻隔而无法到达，使得黄色人种无法在短时期内取代棕色人种，这个取代过程便持续了几千甚至上万年。因此，黄色人种与棕色人种在这些地区发生了交流，使得高寒地区（如蒙古地区）、高原山地（如西藏）、海岛（如日本），最终还是由黄色人种占据了优势，不过尽管如此，棕色人种的基因仍被大量保存了下来。

　　在今天，C型棕种人的后代主要分布在印度南部、北亚东部、日本、北美西部、澳大利亚、太平洋诸岛。在东亚地区，外蒙古地区C型棕种人的后代比例非常高，达到58%。在现在汉族人中，C型棕种人后代的比例小于3%。

　　D型棕种人又称矮黑人。他们不是黑人，而是棕色人种的一个分支。D型棕种人的后代主要分布在印度安答曼群岛上，藏族、土家族、彝族、瑶族、满族、日本人、朝鲜人、缅甸人等人群中，也有一定比例的后代。汉族人中D型棕种人后代出现的频率小于1%。

　　藏族所含D型棕种人基因为58%，这是一种比较复杂的情况。藏族是一个很晚才形成的民族，他们是秦汉时期开始向高原迁徙的羌族中的两支——发羌和唐旄（máo），在进入高原后，与当地的雅砻（lóng）土著发生了混血，繁衍出了藏族。雅砻土著属于棕色人种，他们的混血后代，使羌人很快适应了高原的环境，也使青藏高原的历史进入了一个全新的时期。

科学家们在研究现在藏族人的遗传结构时，还是能看到大量的属于棕色人种独特的 D 型 Y 染色体。当科学家们在青藏高原进一步扩大研究时，有一个惊人的发现：曾经在中国南北朝的历史舞台上叱咤风云的氐（dī）族，现在仅存于四川和甘肃边界地区，有着棕色人种 D 型遗传全结构，是纯血的棕种人。

这意味着什么呢？这表明了，在四川平武、九寨沟县和甘肃文县的三万白马氐人，是棕色土著的后代。

萌爷爷曾到过这些地方，发现这里人的肤色、外貌特征等的确跟黄种人不太一样。

另外，你一定听说过古蜀国的前三代王朝：蚕丛、柏灌、鱼凫（fú），有的学者认为，这些王朝都是氐人建立的。这样说来，古蜀国就是一个由棕色人种建立的王国。我们过去常听人们把羌族和氐人合称"氐羌"，认为他们同属同宗，但羌族属于黄色人种，因此从基因来源上看，氐与羌可能是根本不同的两个民族。

微信扫码

▼ 故事广播站
▼ 科普小课堂
▼ 趣味测一测
▼ 百科小常识

3. 黄白种人的鼻祖：F-M89

再来看看"基因树"。

M168 的另一个分支 F-M89，大约在 7 万年前也离开了非洲。

F-M89 是黄种人和白种人共有的遗传标记，是黄种人与白种人的共同祖先。他们离开非洲后，没有走海岸线，而是沿着陆路走着。6 万年前，黄白种人到达西亚的苏美尔、伊朗、巴基斯坦等地，并定居在那里，形成欧亚人群。

接着，F-M89 的子孙从欧亚人群中分为几个支系，其中的 G-M201 迁移到意大利、小亚细亚、伊朗，H-M69 迁移到印度，I-P19 迁移到北冰洋沿岸，J-M304 迁移到阿拉伯。

另一支 K-M9 也从欧亚人群分离出去，由于东部高山的影响，K-M9 分为两个方向继续向东迁徙。一部分 L-M20 向南，进入印度次大陆。大约 3 万年前，L-M20 与那里的棕色人种遭遇，双方发生了激烈的冲突，大部分的棕色人种中的男性遭到杀害，棕色人种的女性被新来的侵略者占有。

　　K-M9 的另外一部分则进入澳洲和中国，还有一部分于 3.5 万年前向北进入中亚里海北岸游牧，即今天的印欧语系。

　　印欧语系东支于 2 万年前向东迁移，到达新疆及蒙古高原，称吐火罗人。他们后来全部同化于突厥人、蒙古人之中，并使突厥人由黄棕种人变成为黄棕白混血人种。

4. 黄种人的鼻祖：ON-M214

萌爷爷已经说过了，不同肤色人种的出现，与基因突变有很大关系。

5万年前，带有欧亚标记的 F-M89 黄白种人中的 K-M9，将白人分离出去之后，剩余的人群染色体突变为 M214，产生了 O、N 型黄种人，代号是"ON-M214"。之后，O、N 型黄种人沿着喜马拉雅山南麓匆匆走过，进入东南亚地区，这期间也融入了少量棕色人种的基因。剩余的 O、N 型黄种人留在西亚的苏美尔、伊朗、巴基斯坦等地，创造了人类最早的文明——苏美尔文明、克里特岛文明和伊朗-阿富汗的先雅利安文明。

这些拥有 ON-M214 基因的人，就是黄种人的祖先。黄种人又叫亚洲人种，特征是头发黑色且较为硬直，眼有内眦褶，眼窝浅，体毛不发达，肤色中等。主要分布在亚洲东部、东南部、北部，南北美洲大陆，以及北欧北部、东欧北部和北极圈内。

是的，你没听错，北极圈里的因纽特人也是黄种人呢。

4万年前，在东南亚地区的密林里，黄种人逐渐发展壮大了起来，在与棕色人种的对比中，渐渐占据了优势，并最终取代棕色人种。

大约 1 万年前，随着冰期的结束，北上的天然障碍——积雪冰封消除，黄种人大量北上，进入长江、黄河流域，开创了一个全新的文明时代。

　　接下来，O、N 型的黄种人继续发生突变，形成了两支最重要的黄种人群体：一种带有 O 型突变，代号是"O-M175"；另一种带有 N 型突变，代号是"N-M231"。

　　我们中国人的主体类型，就是"O-M175"。

5. 白种人的鼻祖：M9

　　回到"基因树"上，我们可以看到，在继续迁徙的过程中，大约在 3.5 万年前，带有"欧亚标记"M89 的子孙又发生了突变，产生了白种人 M9。

白种人又叫欧罗巴人种。他们的外貌特征是毛发较为细软，颜色多样，主要有白、金、红、棕、黑等五种大色调，且多呈大波浪状；他们的眼窝比较深，颧骨不明显，鼻高唇薄，通常为长颅型，肤色较浅。

白种人 M9 的突变类型，分为 P 型、R 型和 Q 型。他们从西亚向北再向西，到了欧洲和亚洲。2 万年前，他们中的一支来到新疆及蒙古高原，称吐火罗人。他们后来全部同化于突厥人、蒙古人之中，并使突厥人由黄棕种人变成为黄棕白混血人种。

另外的白种人 M9，在公元前 3000 年分好几路向四面八方扩张。一支到了希腊，一支到了意大利，分别成为古希腊和古罗马文化的起源。另一支穿过中欧一直到达不列颠诸岛，成为凯尔特人的祖先。这些白种人每到一处，就征服或同化当地的土著，把自己的语言传播到那里。

公元前 1000 年，具有 R 型突变的白种人，一路南下分别占领了伊朗、苏美尔、阿富汗和印度，他们被认为具有原始雅利安人的基因。

现在，白种人主要分布在欧洲大部、西亚的伊朗和南亚的印度等。

6.中华各族人的鼻祖

中华民族是由 56 个民族组成的大家庭。这 56 个民族又都是从哪里来，各自的鼻祖又是谁呢？

我们先来看看"基因树"。

从"基因树"上可以看到，"O-M175"这支具有欧亚标记的人群进入亚洲后，

继续发生突变，产生了三个最大的子支系：O-M-122、O-M-119、O-M-95。

这三个子支系，都是黄种人。

O-M-122 进入了中国西部，就是中国人的北方祖先，也是远东黄种人的发源地。远东黄种人是沿河套进入黄河流域的，目前通过测量青海、宁夏的史前人类骨骼表明，他们与殷墟的商代中国人骨骼特征高度吻合，与现代华北人骨骼特征差异也非常小，而且完全没有受到白种人的影响。因此可以说，O-M-122 就是汉族的始祖。

骨骼测量表明，原始汉族男子平均身高为 168 厘米，与现代北方中国人差异并不大。从长相上来看，原始汉族人算是比较漂亮的人种，高头颅（这称为"天庭饱满"），鼻翼窄（表示鼻孔较小），而且有较翘的鼻梁。

创造了黄河文明的炎黄部落，就是这支进入中国西北的远东黄种人的后裔。他们被称为"先羌"，是后来汉人、藏人和彝族人的共同祖先。

现在大多数的汉族人，都是 O-M-122 黄种人的后代。在黄河流域的河北、陕西、山东，长江流域的湖北、安徽、四川、江西等地区的汉族人中，O-M-122 都超过了 80%。

O-M-122 类型不仅是中国主体民族的祖先，这种类型的人还是黄色人种数量最多、分布最广的一种。从北亚向南到爪哇、新西兰，从日本向西到西藏，几乎都能找到 O-M-122 的分布。

从出现频率上看，O-M-122 的出现频率最高地区，是中国的云南地区、印度的那加邦土著民族。中国很多民族中出现频率为 100%，如独龙族等。在北亚地区，O-M-122 数量比较少，蒙古国人中超过了 30%，日本人中为 22%。在东南亚地区，O-M-122 的数量也比较多，除了泰国、柬埔寨等地区，一般都超过 50%。

开始的时候，东亚黄种人可能分为四个大集团：北亚人群、黄河上游人群、黄河下游人群和中南半岛人群。

北亚人群由于生活在气候寒冷地区，无法种植农作物，其他人群都无法涉足，所以很难取代他们。

黄河上游集团代表了古代汉藏语系民族，即先羌，拥有 O-M-122 突变的遗传标记。黄河下游集团也是一个古老人群，共有两个部族，一个是蚩尤部族，拥有 O-M-119 突变的遗传标记；另一个是少昊伏羲部族，拥有与黄河上游集团一样的 O-M-122 突变的遗传标记。

在大约 6000 年前，古代先羌汉藏语系先民开始分化，一支向西、向南发展，成了藏缅语族；另一支向东发展，就是汉语族。汉语族部落击败了黄河下游的古老居民，而那些具有 O-M-119 突变遗传标记的蚩尤部族失败后，开始分化为两支，北支

O-M-119 进入了辽河流域，并深深影响了西伯利亚和北亚居民的基因构成；南支 O-M-119 向南发展，成为后来的"百越"。从此，O-M-119 基因从黄河流域消失。

进入蒙古高原和西伯利亚的，则是另外一支带有 N-M-231 遗传标志的黄种人，这支黄种人分化为西伯利亚蒙古人种，以及我们古代所说的东胡和突厥等蒙古人种亚种。东胡部落是蒙古族、满族、朝鲜族，以及日本民族的共同祖先。

蒙古族、满族、朝鲜族、日本民族，与同源于先羌人的炎

黄部落形成的汉族、彝族、藏族，有着血缘上的差异。除了语言体系外，在外形上也有一定的区别，比如，原始汉族有较高的额头、鼻翼较窄、脸的宽度中等，而满人、朝鲜人则为宽脸、扁平脸。

传统观点认为，汉族不是一个纯血的民族，是多民族融合而来，不可能有特定的遗传识别标志。但现代分子人类学研究证明，虽然汉族族源复杂，融合了古往今来许多民族而成，但它绝不是"混合体"。汉族从人种体质学来说，是中华人种（以前叫蒙古人种、黄种）中的一支，同一个风姓祖先的后代，有共同的识别遗传标志：O-M-122。80% 的汉族人都具有 O-M-122 这个遗传标志。经过 6500 年前的黄帝蚩尤大战，汉语族的各部族控制了整个黄河流域，建立了数量众多的方国，这种状态持续了大约近 2000 年。

大概在距今 3100 年前，一支同属北方黄种人、带有 O-M-122 遗传标志的小部落从甘肃天水迁徙到了陕西周原，这就是周族人。他们在周武王的带领下，推翻了商王国。在此后的一百多年间，西周王朝分封了大量诸侯国，周族也随着分封扩散到了全国。

到了公元前 221 年，秦始皇统一各个诸侯国，后来又经过汉朝的统一和强盛，华夏族终于发展成为汉族。秦汉以后，中原王朝开始了对长江以南地区的军事和政治控制，大量的汉族移民开始迁往南方。今天，南北汉族在 Y 染色体上差异很小，具有 90% 的相似性，差异主要体现在母系的线粒体上，也就是母系的来源不同。

为什么南北汉族人在父系上来源相同，而母系上却具有明显的差异呢？

这是因为在人类的各次迁徙过程中，都是男人的数量大于女人，于是，他们到达迁徙地后，多与当地土著女子结合，生育出的混血儿融入了异族母系的基因。

汉族南迁的历史中，也出现过类似的情况。迁往南方的汉族，主要是由于服兵役、逃避战乱、因罪流放等因素，这些人基本都是男性，带家属的情况不多，所以他们肯定是娶了当地的女性，这就造

成了南方汉族有着和北方汉族相同的父系祖先，却有不同母系祖先的结果。

"基因树"上，中国人的主体类型是 O-M175，汉族人中超过 80%。而且在汉族中 O-M175 分支类型中最多的是 O-M-122，与周围其他民族并不相同，但却与云南地区的许多民族有相似的地方，与羌族和一部分藏族（O-M-122 下的 O-M-134 子类型）最为接近。

由此我们可以知道，汉族的基因构成恰恰是非常单一纯粹的，这足以证明原来的汉族融合而成的理论是错误的。

我们还可以看到，汉族跟另外一个群体——藏缅语族有很大的同源性，这个发源地就在甘陕地带，统称"先羌"。之后，他们才在大约 5000 年前开始分化，形成了汉（华族）和羌，古羌族再分化出藏、彝、白、土家、拉祜、基诺、哈尼、缅、克伦、景颇、阿昌、傈僳、纳西、独龙、怒等民族，形成了中华民族多姿多彩的民族局面。

到这里，我们就已经差不多明白我们是从哪里来的了。

好了，关于"我们从哪里来"这个问题，萌爷爷已经说完啦。你现在一定已经知道，我们是谁，我们来自哪里了。那么，你是不是还想知道，我们究竟要去向何方呢？

这个，且听萌爷爷在另一本书中讲解吧。